2022

0… 提供香氛課程予視障生

06 與全家便利商店合作推出「甜橙精油」洗沐用品

07 與史博館、台北市視障者家長協會合辦「公益調香・藝術聯名」新品發表會

07 連續二年榮獲 B 型企業組織「對世界最好：社區扶植面向大獎」

11 主辦「淨零、綠生活、創造價值鏈」活動，以 ESGift 推行永續理念

2023

03 與史博館攜手推出「常玉歡慶禮盒」

07 打造 ESGselect 共好選品平台，助小農種碳，創多贏局面

08 TÜV SÜD 完成溫室氣體盤查查證，減碳獲肯定

09 獲史博館委任，設計「島嶼」、「海洋」主題精油，展現台灣療癒力

11 榮獲《經理人月刊》第十六屆「台灣百大 MVP 經理人」

2024

01 榮獲 Real Leaders Impact Awards

1 2017 年，捐贈肥皂草予台北市碧湖國小，由應屆畢業生種植、傳承

2 肥皂草

3 搓揉肥皂草可起泡，因此可用肥皂草取代化學界面活性劑

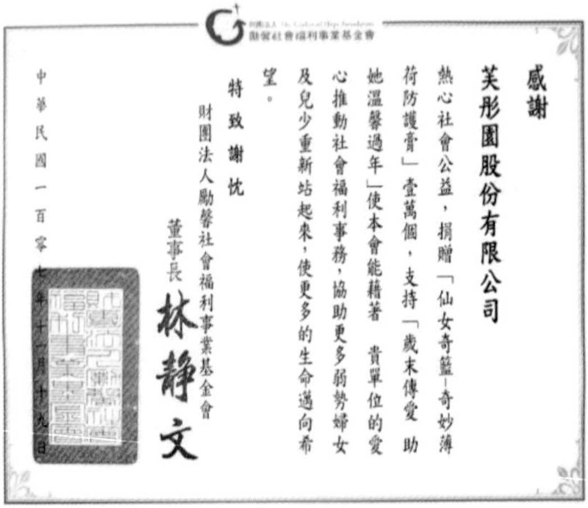

財團法人勵馨社會福利事業基金會

感謝

芙彤園股份有限公司

熱心社會公益，捐贈「仙女奇籃-奇妙薄荷防護膏」壹萬個，支持「歲末傳愛 助她溫馨過年」使本會能藉著 貴單位的愛心推動社會福利事務，協助更多弱勢婦女及兒少重新站起來，使更多的生命邁向希望。

特致謝忱

財團法人勵馨社會福利事業基金會

董事長 林靜文

中華民國一百零七年十一月十九日

1	1 2017 年，Blueseeds 創辦人暨執行長詹茹惠帶領芙彤園全台全家上架，各界站台，拋磚引玉，推廣社會創新新模式
2	2 2018 年，捐贈奇妙草本薄荷膏予勵馨基金會

3

3 2018 年，Blueseeds 加拿大品牌總部開幕，邀請唐鳳政委共襄盛舉進行剪綵

1‧2 2019 年，由 Blueseeds、台灣女子棒球運動推廣協會共同發起籌辦的「2019 芙彤盃國際女子棒球邀請賽」，也是第一次結合女力及公益的創新賽事，賽事活動結餘將投入公益及支持女棒協會繼續在國內推動女子棒球，並藉由企業與大眾的支持讓賽事每年延續舉辦

3 2019 年，賦原經濟記者會。照片左二為台東縣王志輝副縣長，左四為契作農李登庸，右三為創辦人詹茹惠，右二為「孩子的書屋」陳彥翰董事長

4 台東東河育苗農場

3	1
4	2

1 認養一畝香草田產品

2 台東知本契作地

3 一畝香草田參訪活動

4 台東長濱香草基地，及契作農李登庸

3	1
4	2

1

1　創辦人詹茹惠手持茶樹

2 2020 年，Blueseeds 邀請消費者與企業認養，為自己種下健康且對環境友善的一年份洗沐用品，而企業本身也能將企業社會責任轉換為禮贈品。Blueseeds 在這項計畫中提撥 5% 認養金給台東「孩子的書屋」作為公益使用，以關懷弱勢家庭的孩子。照片左三為中國文化大學永續創新學院院長方元沂，左四為創辦人詹茹惠，右四為「孩子的書屋」陳彥翰董事長

3 Blueseeds 零化學添加的洗沐用品，Net Zero 淨零排放

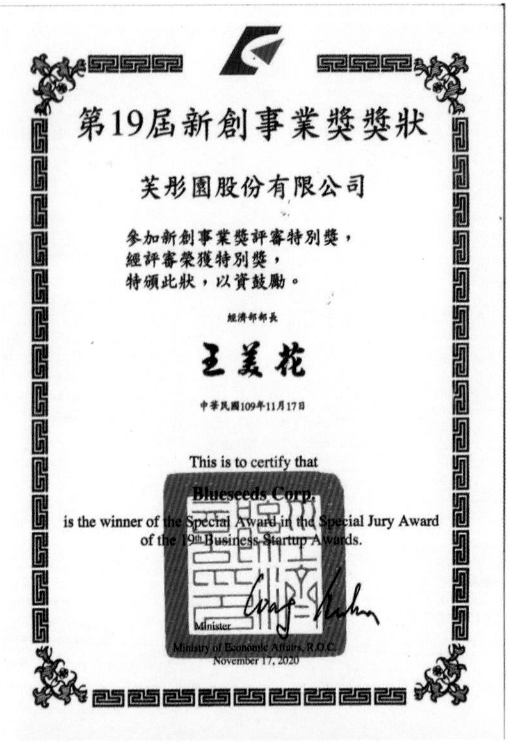

第19屆新創事業獎獎狀

芙彤園股份有限公司

參加新創事業獎評審特別獎，
經評審榮獲特別獎，
特頒此狀，以資鼓勵。

經濟部部長

王美花

中華民國109年11月17日

This is to certify that

Blueseeds Corp.

is the winner of the Special Award in the Special Jury Award of the 19th Business Startup Awards.

Minister

Ministry of Economic Affairs, R.O.C.

November 17, 2020

1

2

1 2020 年，Blueseeds 榮獲第十九屆新創事業獎（獎狀）

2 2021 年，Blueseeds 社會企業實踐 ESGift、地方創生、社會創新及推動企業社會責任。照片左二為台灣社會企業永續發展協會創會理事長許恩得，右一為 Blueseeds 創辦人詹茹惠

3 2021 年，國立歷史博物館、Blueseeds 將「常玉浴女洗沐禮盒」系列整體銷售金額的 5% 捐贈給財團法人陽光社會福利基金會。照片由左至右為：前史博館廖新田館長、陽光基金會舒靜嫻執行長、Blueseeds 詹茹惠創辦人

4 2022 年，Blueseeds 與台北市視障者家長協會（PAVI）合作，四位視障調香師於發表會現場與全場來賓合影。照片前排由左至右為江尉綺、吳思穎、劉子瑜、陳一誠

1

2

1・2 2022 年，史博館清末紋樣融入 Blueseeds 香氛新品「花開四季 每日療癒滾珠精油十支組」

3

4

3 2022 年，四款響應世界地球日、以台東有機香草「左手香」研發的洗沐用品，分別為「左手香甜橙精油洗髮露」、「左手香甜橙精油沐浴露」、「左手香甜橙精油洗手露」、「左手香甜橙精油旅行組」，為全植物成分調配，完全不添加人工化學合成物、不含水、人工界面活性劑、防腐劑，可排入水中被大自然完全分解，是友善環境與肌膚的洗沐新選擇

4 2022 年，相關產品銷售的 15% 會直接回饋協助視障服務的推動，讓產品本身除了豐富的文化故事之外，更具有實質意義。照片由左至右為：前史博館梁永斐館長、Blueseeds 詹茹惠創辦人、北視家協王晴紋總幹事

1

1 2022 年，蔡英文總統接見第三屆品牌金舶獎得獎企業。照片第三排左一為 Blueseeds 創辦人詹茹惠

2 2022 年，第五屆全球企業永續論壇，Blueseeds 與產官學界攜手邁向淨零排放。照片由左至右為：中國文化大學永續創新學院院長方元沂、國立台灣工藝研究發展中心新任主任陳殿禮、創辦人詹茹惠、前行政院院長毛治國、前史博館梁永斐館長

3 2023 年，公益捐贈儀式合影。照片由左至右為：前史博館梁永斐館長、勵馨基金會資源發展處黃玉華處長、Blueseeds 詹茹惠創辦人

1 2023 年 11 月，北視協與 Blueseeds 香氛調香師授證大合照。照片上排由左至右為：AAT 中華亞太國際美學教育認證協會創會理事長呂秀齡、創辦人詹茹惠、北視協理事長袁秀玲。下排由左至右為：視障調香師廖慧玲、陳一誠、紀秀月、劉子瑜、江尉綺

2 2023 年，Blueseeds 受邀至華盛頓雙橡園參加國慶晚宴，並發表「海洋」與「島嶼」二款精油香氛，代表自由的味道與台灣的味道，照片由左至右為：工作人員 Alvin、Blueseeds 副總胡曉玄、中華民國駐美代表蕭美琴、工作人員 Daniel、Blueseeds 策略顧問詹益鑑

0與100的堅持

Blueseeds從一畝香草田開始的純淨革命

詹茹惠 口述
沈勤譽 採訪撰稿

目次

Part 1 堅持天然純淨

——在動了六次手術之後

Part 2 堅持永續

——ESG、SDGs也可以是好生意

Part 3 堅持善的循環——共好，才能越來越好

推薦序

芙彤園 Blueseeds 有故事

毛治國／前行政院院長

芙彤園（Blueseeds）是個新產品的品牌，但更是個產業創新的平台，也是個要將夢想轉化為現實，正在進行中的故事。

Blueseeds 的創辦人詹茹惠（Stephanie）是個奇葩，我跟她結緣是她加入「名山學堂」私塾，成為活躍的學員開始的，從她興致勃勃的介紹中，讓我第一次看到她眼中充滿各種精彩可能性的精油世界！

茹惠曾是個成功的電子業事業主。她多才多藝、興趣廣泛。在她體驗完高科技業緊湊而有成就的生活後，決定返樸歸真、回歸田園大地，去創造人生的第二曲線——當「精油女王」。一般人投入精油事業，多是當個芳療師、調香師，甚至開個修養身心靈的養生芳療館等，開始去過白富美的優雅生活。但是，茹惠與眾不同，她的心很大，她一入手想到的居然是「產業化」：她要複製電子業的價值鏈模式，不只從香草契作、育苗生產、萃取提煉、工廠加工、調香研發、產品包裝、品牌行銷，到銷售與服務，要建立一條龍自創品牌的精油產銷系統外，更要以此為基礎，進一步發展出精油產業聚落，使台灣成為全球精油業的重鎮。

我第一次見識到她對精油事業的狂熱，是她要將台東點化成「東方普羅旺斯」的願景，她說：從台東開出一輛滿載的十噸卡車，載鳳梨只值十一萬台幣、載稻米是三十二萬、載釋迦是四十萬，而載精油洗沐用品就值四百八十萬、載香草純精油更值四千五百萬，這是至少五十倍到一百倍的增值。她豪氣地說：「我們可以讓這種轉變成為可能！」

Blueseeds的故事很有縱深，要講清楚它，還得從企業策略布局的觀點來理解。企業策略講究三V一A：願景（Vision）、路徑（Venture）、價值信念（Value）、行動力（Action），彼此環環相扣。以下我們就把Blueseeds的故事，當企業策略布局的個案來分析它。

首先談「**願景**」：俗話說「眼界決定境界、格局決定結局」，茹惠不像一般人只把精油放在鼻子底下來聞，她讓自己飛升到老鷹的高度，看到了精油是值得推廣的高附加價值農業加工品，於是腦中就湧現出一條從台灣的農田連結到全球香氛市場的國際產業鏈。茹惠這一野心勃勃的眼界與格局，相信是她人生下半場、二度創業過程中，會一下子就吸引許多創投家注意與青睞的原因。

其次談「**路徑**」，有時也稱為使命（Mission）：這是「思路決定出路」的考驗，也就是要在豐滿的理想與一無所有的現實之間的無窮多可能選擇當中，撥開重重迷霧找到一條最佳的攻頂路線，展開實現願景的旅程。

在這一思路上，茹惠在上半生電子業生涯中，學到了二個產業發展的關鍵：掌握關鍵核心技術與掌握原料源頭。所以，為了實現創業之夢，她先去接受精油配方訓練，取得調香師執照，並且親手訓練調香師，也讓他（她）們去取得國際證照，目的在使自己的品牌在未來國際香氛領域，能擁有可自主揮灑的智慧財產權空間。

為了掌握香草原料的源頭，她歷經不斷地試誤與磨合，發展出先付款再契作生產香草的合作模式，逐步建立供應原料的專屬協作農戶圈，帶動志同道合的農友，一起貫徹友善環境的自然農法，共創以香草作物為「綠金」的價值。這一上游原料來源的開發與掌握，將會是個多多益善、沒完沒了的工作，也是未來企業規模的決定因素。

另在先求生存再求發展的創業路上，茹惠在新冠疫情猛爆的二〇二〇年，毅然收掉了剛開張的溫哥華鬧區多元體驗 spa 門市後，巧遇機緣得到便利店給出的 B 端（企業客戶）商機。於是她就以洗沐用的精露帶頭，打開了終端消費市場，讓 Blueseeds 這個品牌開始在本地市場曝光，創造產品在消費者心目中的存在感。這方面的成功業績，使創業六年但持續虧損的 Blueseeds，終於在二〇二二年迎接首度超過千萬台幣的稅後盈餘。

不過，Blueseeds 的最終眼界在國際市場，茹惠的豪語是「Blueseeds 未來九九％的業績都在海外！」因為她相信：只要產品品質夠好，獲得國際肯定，到時候任何海外大廠的一張訂單（不論是採購精油原油或 ODM 配方產品），業績都可立刻上翻好幾倍。這方面的可能性，據了解也已經是發展中的進行式。

為了解市場、與國際接軌，茹惠在創業之前，曾親身投入國際性的直銷平台去銷售香氛產品。由於擁有專業證照與過去電子業積累的行銷經驗，因此業績亮眼，很快就從一般經銷者成為「銀級領導人」。就在別人都認為她會安穩地當個直銷明星，作為名利雙收的人生第二春時，茹惠卻毅然退出直銷圈。理由有三：第一，同樣賣香氛產品，直銷是幫人賺錢，而創業則是自己賺錢，雖然會較辛苦，但成就感不同；第二，直銷業有只重短線的特性，欠缺永續經營的想法，讓她沒有踏實感；第三，以天然精油為核心的產業，好好發展可以成為促進「環境保育、社會共好」的事業，但在直銷系統中看不到這種可能性。這幾個理由充分反映出：茹惠天賦的創業家精神，以及透過 Blueseeds 的創業，她所企圖彰顯的價值信念。

「**價值信念**」是策略布局中，與「願景、路徑」並列的三 V 要素之一，它是企業「願景」寓意與核心理念的詮釋，也是「路徑、行動」所採行為的檢驗規範，它決定一個企業為何與眾不同，是一種「態度決定高度」的抉擇。

茹惠是中年二次創業，但因為她早已不愁吃穿，所以可用不患得患失的瀟灑，去做自己喜歡做的事。Blueseeds 的故事開始於要創一個品牌去實現一個願景：它不僅要去創造一個天然精油的產業平台，更要秉持永續與環保的使命感，與農民協同合作，去發展出一個既能分享商業利益，又能保育本土生態環境的商業模式。

外行人剛接觸精油這一名詞時，常會將它與「香精」混為一談，我就被茹惠糾正過。「精油是從天然材料中提取的精華，香精則是人工化學產品，兩者的價值與功效完全不同！」她之所以如此急切地為精油正名，反映的是她投入精油事業所抱持的價值執著：她的精油必須在環境友善的天然、健康、有機生產方式下完成萃取。我還從她那裡學到：精油除了味道芬芳、讓人心曠神怡外，不同成分與配方的精油，其實對人體的神經系統也會產生不同的「芳療」作用。我自己就曾親身體驗：在一次與「名山學堂」同學們出遊活動中，我因吃壞肚子而坐立難安、毫無遊興，茹惠知道後就從她八寶箱中挑了幾款精油，幫我東塗西抹一番，沒多久精神就恢復了，讓我印象非常深刻。

精油是值得推廣的高附加價值農業加工品，如何讓它保持原汁原味以與化學香精區隔，生產履歷就是關鍵。對於這一問題，Blueseeds 採取「開大門、走大路」的策略，它不僅以契作方式收購小農的香草作物，更將小農們規劃進新創的精油產業鏈中，讓他們成為其中的穩定環節，來共創、共享新產業所帶來以數十倍計的產值提升利益。而這種以清晰的理念、誠信的態度，以及新作物產值的增益作為基礎，建立起來的互利共生堅實關係，也才使Blueseeds能夠將不用農藥、化肥、除草劑的有機栽培、自然農法的「生態、生產、生活」理念與模式，貫徹到契作圈的農友身上，來確保所收成香草原料的品質、滿足高標的生產履歷。茹惠說，這是Blueseeds永續經營的最重要基石。

從ESG的角度看，在Blueseeds的價值觀裡，E（環境保護）固然是它的核心，但S（社會責任）其實也是它的創業宗旨，因為它把「不管是否獲利，公司營收的五％都將捐助公益的社會使命，寫入公司章程」，來貫徹創辦人的創業使命、初心與理念（甚至一併涵蓋了G〔公司治理〕的承諾）。所以Blueseeds有別於一般營利事業，它是明確宣示要承擔社會責任的B型企業。而茹惠為這一社會創新事業所設的目標是：到美國掛牌。

最後談「**行動力**」。策略布局不能只是坐而言，還須起而行；而行動力就是謀定後動、和合知行的關鍵。行動力決定於行動者的企圖心（Motivation）與能力（Ability）；而當行動者具備旺盛的企圖心以及勝任的解題能力後，就會去尋找機會（Opportunity）施展抱負。換句話說，當行動者將本身的企圖心與能力，與外在的機會進行有機和合後，就可創造出成果，這種關係可用「以企圖心×能力為內因，以機會為外緣」的「因緣成果」公式來歸納。這種因緣和合成果的過程，可以是一種堆積木的疊代過程。

對 Blueseeds 來說，為了催化精油這一新興產業鏈的發展，茹惠根據「不只要教農友釣魚，還要幫他們找池塘」的理念，再加上近年全球推動淨零碳排，使ＥＳＧ成為一門好生意的趨勢，她展現行動力的方式是：推出「ESGselect 共好平台、ESGift」活動、發起「認養一畝香草田」的群眾募資，來吸引上市櫃公司、跨國企業、公私機構乃至一般投資人，透過投資、購買產品等「綠色採購責任消費」的方式，具體支持參與有機栽培香草作物的小農，並順便落實各機構與機關的ＥＳＧ永續發展責任。

為了壯大 Blueseeds 調香師的陣容，也為了實踐社會企業對弱勢族群的關照，茹惠挑戰自我的專業功力，把培訓對象的目光投向視障生，將他（她）們納入自己創業的價值鏈中。她為視障學員發展了一套「到香草田親自撫摸、嗅聞各種香草；將嗅覺體驗與情感經驗記憶建立虛實整合的連結；發展用嗅覺去記錄各種不同生活體驗的能力；發想主題式情境文案，並針對特定主題文案創製複方調香作品等」完整的培訓方法，成功訓練出一批批她口中的「創香師」，並輔導他（她）們順利取得專業證照。茹惠用行動力證明了：對精油產業來說，視覺從來就不是限制；視障反而讓他（她）們有更靈敏的感官，以及更純淨的心靈，來善用這些天然香草的能量。

社會企業要放大自己的影響力，最佳模式就是以「平台連結平台」與其他社會企業或公益社團協同合作，以一起參與的方式，共同拓展社會影響的範疇，解決樣態多元的社會問題。在這方面的表現上，茹惠的行動力，濃彩重墨、四處揮灑。

Blueseeds 與台北市視障者家長協會、歷史博物館合作，推出主題性的精油創意作品，不只使 Blueseeds 這一社會企業升高了一個層次，融入了新的文化維度，另一方面也用實例證明了香氛產品的應用沒有邊界。

Blueseeds 秉持社會責任精神，也關懷原住民、弱勢孩童與女性問題。Blueseeds 除了以契作模式輔導原住民青年參與種植香草的農創事業外，也與相關企業合作，投入資源支持原住民藝術文化的傳承與發展。對於以培養原住民青少年自立自強精神為宗旨的「孩子的書屋」文教基金會，Blueseeds 除了直接贊助資金外，還提供適合書屋羊媽媽的工作機會。Blueseeds 也贊助勵馨基金會，以強化對受虐婦女與兒童的協助與照護。另外透過與「用心快樂」社會企業合作，Blueseeds 跨入兒童情緒與精神健康教育的領域，利用推廣主題洗沐禮盒的方式，使消費者也成為改變社會的參與者。Blueseeds 還與森林小學（台北市郊碧湖國小）合作，教導學生香草知識，甚至使校園成為香草植物園，讓學生成為小導覽員。

分析完 Blueseeds 的策略布局，可歸納出以下二個特點。首先從決策「見識謀斷」四部曲的觀點，我們看到：第一，在「見」的層次，眼界決定境界：Blueseeds 把精油視為「原油」，創辦人茹惠看到了發展一個新興產業鏈的可能性；第二，在「識」的層次，格局決定結局：Blueseeds 站上「環保、永續」制高點，訴求有機栽培、自然農法，與全球的淨零碳排大趨勢接軌；第三，在「謀」的層次，思路決定出路：Blueseeds 洞察「掌握原料源頭與核心技術」是開局與立局的關鍵，並努力落實執行；第四，在「斷」的層次，態度決定高度：Blueseeds 選擇社會企業的自我定位，不以營利為目的，追求社會共好。總之，就 Blueseeds 的策略布局而言，它的架構完整、脈絡清晰、內涵「高大上」，是一個可拿來當作課堂教材的典範案例。

其次，在Blueseeds的故事中，我們也看到故事主人翁詹茹惠「拚命三娘」般風風火火、縱橫馳騁的行動力，以堆積木的方式，逐步建構她心目中的「通天塔」——亦即一個「以Blueseeds為圓心，以台灣作為核心聚落，以國際市場為範疇」的新興精油產業生態系統。

從「因果定法則、因緣成萬事」的因緣成果（企圖心×能力×機會＝成果）觀點看，Blueseeds的策略布局已根據基本的「因果律」克服困難完成了漂亮的開局，但要實現成為新創市場「獨角獸」的理想，在未來繼續壯大自己、做出國際級規模的創業旅程中，仍不免遭遇許多必須披荊斬棘、開路架橋的各種挑戰，事實上也唯有通過這些重重「因緣律」的現實考驗，Blueseeds才能完成立局而圓滿成果。

我們在此祝福Blueseeds創辦人詹茹惠，一定要繼續秉持初衷，以堅韌不拔的魯棒（robustness）精神，去成就出大家期望中的台灣精油傳奇！

推薦序

堅持與社會環境共好的永續經營初心

方元沂／中國文化大學永續創新學院院長

認識詹茹惠（Stephanie）創辦人的緣起，是因為我當時參與了二〇一七年的《公司法》修法，專注於企業社會責任和公司型社會企業的相關議題。

詹茹惠邀請我擔任扶社企論壇的演講者，那時我對於剛成立不久的芙彤園（Blueseeds）的商業模式印象深刻，該模式結合自然農法、農科技和商業創新，致力解決環境和社區問題。特別是詹茹惠告訴我，無論公司每年盈虧如何，都會捐出五%的收益支持公益事業。她更希望公司能夠實現規模化的盈利和社會影響力。

我非常榮幸能夠與詹茹惠長期合作，自二〇一八年起我們透過中國文化大學的大學社會責任（University Social Responsibility, USR）以及Blueseeds的企業社會責任（Corporate Social Responsibility, CSR）理念，共同發揮社會影響力的綜效。我們支持了原民大學生賦能圓夢計畫，並聯合藝術家歐豪年大師、舞蹈及心輔領域，共同推出「海鷹洗沐禮盒」與「舞動節氣卡」聯名合作商品。這個合作不僅獲得了 Buying Power 大獎，而且商品收益的五%直接用於支持非營利組織。

經營企業絕非易事，而經營社會企業更具挑戰性。我對 Blueseeds 在詹茹惠的領導下，即將屆滿八週年的成就深感佩服。我還記得當初我曾建議詹茹惠可以採用美國的共益公司模式，現在看到 Blueseeds 不僅成為了 B 型企業，還獲得了國際組織 B 型企業組織（B Lab）頒發的「對世界最好（Best for the World 2021）社區扶植面向大獎」。此外，今年更獲得了二〇二三年 BBC Taipei 社會企業獎，這些成就表彰了詹茹惠的辛勤努力和卓越經營表現。她也獲得了二〇二三年「台灣百大 MVP 經理人」的肯定。

成功決不是偶然的，背後一定有著許多辛勤的付出和故事。我聽說詹茹惠將要出版新書《0與100的堅持》，分享 Blueseeds 從一畝香草田開始的純淨革命。我相信在這段革命過程中，面對各種挑戰，社會企業家要如何堅持追求共好的永續經營初心，這本書將帶來許多寶貴的經驗，值得我們學習和參考。

推薦序

在夢想中無中生有

何飛鵬／城邦媒體集團首席執行長

詹茹惠的新書即將出版，我回想起先前二天的台東香草香氛之旅，讓我見證一個人從夢想開始，然後無中生有的可能。

芙彤園（Blueseeds）是一個純天然的香草香氛品牌，產品包括洗浴用品及各種用途的精油，用的是自然農法培育的香草，完全不用化學肥料及農藥，創造出一條純天然、乾淨、無毒的生產線。

為了見證芙彤園的理想，我在創辦人詹茹惠的陪同下，走了一趟台東的香草之旅。

我們的第一站到了台東最北的長濱，在山坡上我們見到了長滿雜草的園地，「這就是香草園嗎？」這是我們共同的疑問。「自然農法就是要營造最天然的環境，讓香草與野草共生，也復育了各種昆蟲，變成純天然的生態系，」負責契作的農民告訴我們。

詹茹惠說，光是培育契作農就花了許多年的功夫，許多契作農貪圖方便，會偷偷用化學農藥，被發現後，整片作物都要放棄，這個契作農也就淘汰了。這些年芙彤園淘汰了無數的契作農，只留下少數幾位。

第二站我們到了台東的東河，參觀了他們的育苗農區。

詹茹惠告訴我們，為了確保香草的品質，他們也成立了育種中心，所有的香草苗完全由公司供應，由契作農負責種植。

第三站來到台東市的香草基地，這是一個五十公頃的有機園區，除了香草園，還種植了有機水稻。這裡也一樣像是雜草園，在雜草之中隱藏了各種香草植物。這個園區還有大型的鍋爐，可以用來萃取精油。一個年輕的契作農解說了他投入自然農法種植香草的歷程，他已是契作農的典範。

詹茹惠自己也是調香師，為了從事這個行業，她遠赴英國、法國學習調香，並考上調香師執照。詹茹惠不只自己成為調香師，她還積極投入訓練調香師，她選了視障人士，教導他們學習調香，已經成功訓練出數位調香師，成為芙彤園專屬的調香師。

詹茹惠告訴我們，香草香氛產業是一個價值鏈冗長的產業，從最源頭的育苗，到香草種植、精油萃取、精油熟成，再到調香，最後才是產品設計生產。芙彤園為了確保產品絕對天然，只好從頭開始一條龍作業，掌握每一個環節，在台灣這是一個無中生有的事業，也是從來沒有人做過的事。

詹茹惠回憶，她從一個人開始逐夢，到有第二個員工、第三個員工，這是一個不可思議的過程，尤其在尋找契作農的時候，許多人都以為這是一個騙局。剛開始是用過去賺的錢投資，然後再對外募資，歷經了七年，終於等到苦盡甘來的一天。

芙彤園從一個夢想開始，一步步地無中生有，現在已經成為ESG最佳的典範，也成為許多企業爭相投資的對象。無中生有的夢想，成就一個不可思議的新創。

這本書不僅分享芙彤園的創業歷程，更彰顯出一個懷抱夢想的人，透過創新、務實的作為，所能展現的龐大力量。

推薦序

一份寧靜舒適且貼近自然的生活方式

林崇傑／將略諮詢創辦人、
前台北市政府產業發展局局長、芙彤園策略顧問

這是一個創業者以擁抱自然的方式，逐步建構企業永續成長的旅程。

我始終認為企業在追求自我成長的路上，除了滿足利己的需求外，若能同步考慮利他的促成，從各種可能的方式促進對人類社會及環境所面對的各種衝突及困局，提出化解或改善的契機，則不僅是企業成長的重要利基，也是人類社會真正可持續成長的解方。

這也是我在二〇一五至二〇二二共八年的台北市產業發展局局長任內積極推動社會企業輔導的動因：從連續八年的專案輔導；與中小信保、國泰世華及玉山銀行合作創設的二個社企專屬政府擔保的低利融資專案；費時三年與民間NGO合作完成華人城市首座公平貿易城市的國際認證；支持B型企業協會成立並合作推動全球第三座Best for

Taipei，促成台北為亞洲 B 型企業認證家數最多的國家；推動傳統市場與社會機構合作完成了八處市場盛食交流平台的建立，讓原本賣相不佳、可能棄置的食材回饋於社福或弱勢團體；並從二〇一七年起年年獲得國家 Buying Power 的獎項……。在這些繁忙的社企輔導推動中，我認識了芙彤園的創辦人詹茹惠（Stephanie），一個始終熱情洋溢、充滿活力，不斷思考創新的可能與尊重環境的連續創業家。

芙彤園是 B 型企業，年年獲得國家的 Buying Power 獎項，也是台北市政府二〇一八亮點企業獎之創業菁英獎、經濟部二〇二〇新創事業獎的得主。這個專注於尊重環境的綠金企業，其實緣起於詹茹惠在原來科技領域創業的工作壓力，在健康狀況的影響下，讓她毅然決然地離開原本的工作場域，重新思考擁抱自然的生活方式，並讓自己喜歡的香氛精油成為再度創業的首選。

從赴英學習完整系統的調香知識，到回台尋找偏鄉適當的土地，與理念相同的小農合作，堅持自然農法從種植、萃取、提煉到天然精油與香氛洗沐產品的製成，全程零化學成分的添加。一如公司英文名 Blueseeds 所彰顯的，始終在追尋一個永續的方式，為地球也為在地，播下一個永續的種子與一份未來的希望。

這本書訴說著一個在台灣極其獨特的香氛產業的創業歷程，即使放眼全球也有其別具特性的吸睛魅力；但我更願意說這是在描繪一個尊重土地、呵護環境，讓人重新體驗舒服而貼近自然的生活方式，並且還能兼及帶著許多原來失去職場競爭條件的人們，投入這種友善無毒且擁抱自然的生產體系與工作價值。

當我踏上東海岸的土地，逐步踏尋芙彤園在花東地區的契作農田與拜訪合作小農時，我是真真實實感受到一股莫名地回歸自然的感動。站在台東長濱 Blueseeds 的契作小農登庸的香草田間，眼前是一望無際的太平洋，部落搭建的簡易休息棚架就在左近。聽著登庸說著他對自然農法的體驗，完全不用農藥、不施化肥，雜草以人工拔除，在數年的實務經驗中逐步找出香草與大自然及各類昆蟲的共處之道。

在略為灼熱的陽光下聽著登庸娓娓道來，我對芙彤園的認知也漸漸明晰確實。他跟詹茹惠一樣都來自科技界，即使在務農之餘仍同時幫著台北的其他公司撰寫程式，自己家裡也兼賣著自己種植、自己揉捏的法式香草麵包。耕植閒暇，縱身眼前的大海倘佯就是一種解放。這種回歸自然的生活態度，在芙彤園的許多同事及合作夥伴中，都可看到相似的生活價值。

在台東的香草田間、在小農堅毅的身影中，我看到了 Blueseeds 所主張 Back to Nature 的樸實真義。

視障調香師的培育呈現出詹茹惠創造共好的價值思維。作為一個取得國際認證的調香師，她卻選擇了一個更為辛苦卻極具意義的工作方式。培育視障者成為專業調香師並取得認證，從而可以創作作品並投入市場，並能獲得好評，讓視障調香師獲得一個專業的尊榮。對一個創業者而言，尤其是仍在燒錢的企業草創初期，這絕對是一個更為艱難的選擇；但對視障者而言，卻是開啟了一個被尊重的嶄新人生，也為就業市場提示了極具創意的示範。

同樣地，她也看到了花東地區許多體保生面臨著就業與生活的困境，從而尋求招募體保生投入自然農法的農務耕植工作。一方面正視花東地區青壯人口外流的大課題，一方面也幫這些在就業市場上不易找到適當位置的青年，創造一個投入務實且貼近大地的工作機會，也讓這種尊重環境的自然農法得以推廣、拓展。

無論是視障調香師的培育或體保生的務農培訓，都可以看到詹茹惠在企業成長的路上，期待影響更多的人們，關心環境、擁抱自然的價值，這種追求共好的態度，其實正是一個企業得以持續發展的重要核心精神。

ESGselect 是詹茹惠在思考如何讓這個綠色產業架構循環系統的平台，如何讓 Blueseeds 橋接企業與小農，形塑一個永續的正向循環，並成為一種可行的綠色商業模式。平台在產地端已經與二、三百家小農合作，針對各種品類的農作，以友善、有機的方式耕作並保證收購，讓農民得以安心地以尊重自然的方式耕作。在企業端，依循芙彤園認養一畝香草田的基礎上，逐步拓展各大公司的認同，期待建立這個 ESG 的循環經濟結構。

邁向永續成長其實不是一種口號或企業的精神救贖，它可以落實在企業發展的進程，除了追求利己利潤的成長外，同時在企業擅長的技術或擁有的條件基礎上，創造一種兼具利他的發展模式。對創業者而言，解決問題其實應該是找尋一種應該存在但還未被提供的需求，而這種解方更應立基於面對複雜的社會與飽受壓力的環境，真實有效地尋求改善或有助於這個困境重重的地球時勢。

我們不是在訴說一份沉重的道德壓力，而是在提醒，既然走向創業之路，提出一個對大環境適當的解方，本就是一種基本的態度。除了企業自身的成長，同時協助更多大眾與我們所處身的環境，芙彤園的成長歷程告訴我們，看起來也不是那麼困難。

回到初心、回歸自然。Blueseeds 正在這條路上。

推薦序

從己身出發，在 ESG 善循環中貢獻

夏嘉璐／TVBS 新聞主播

我是個天龍國土生土長的徹底都市俗，第一次讓詹茹惠（Stephanie）領著到台東長濱去看她的香草田，行前，滿腦子想像的，都像是法國普羅旺斯那一排排整齊畫一、紫色碎花隨風搖曳的薰衣草畫面，沒想到，到了現場，映入眼簾的那一片，卻貌似雜草！原來這才是不使用化肥、農藥，採以自然農法栽種的香草田的真實樣貌，也正是詹茹惠這些年來篳路藍縷創業歷程最真實的見證。

我自己接觸 Blueseeds 的洗沐用品，始於二〇一七年的三鐵賽事，選手物資袋裡的一小瓶「S3 薄荷茶樹全身潔淨露」可以搞定全身從頭到腳，泡沫細緻又帶著自然療癒的味道，讓我印象非常深刻，沒想到幾個月後，二〇一八年因緣際會在一個創業者聯誼餐會上認識了創辦人詹茹惠，第一次聽她分享品牌理念，對於精油產業雖然還是概念模糊，但

卻能從她發亮的眼神中，明顯感受到她對精油香療及土地復育的熱情！我一直深受詹茹惠的熱情感動，也對於她所企望打造的友善土地消費生態很有共鳴，因為認同 Blueseeds 的品牌理念，也在二年前接下代言人，參與推廣 Blueseeds 的訂閱制方案。

詹茹惠為了打造出友善土地、生產者和消費者的 ESG 精油王國，很能等、很耐熬，尤其創業前期從零開始，所有基礎布建都需要投入時間、精力、財力，詹茹惠至少蹲了五年，才孕育出這二、三年倍數成長的香草精油王國。現下 ESG 蔚為主流王道，但背後要付出多大的心血努力才能落實，相信透過本書能讓大家有清楚脈絡，或許也同時提醒我們，從己身出發，可以在 ESG 善循環中扮演怎樣的角色？

推薦序

感謝老天，讓我們能投資芙彤園

陳俊秀／台灣交通大學校友總會執行長

詹茹惠要出書了，很久以前她就跟我說，若她出書，我一定要幫她寫序，當時連想都沒想就答應她了，沒想到這麼快，這本《0與100的堅持：Blueseeds從一畝香草田開始的純淨革命》就要上市了。

與詹茹惠認識是很偶然的緣分，二〇一一年底詹益鑑要回美國之前，邀我一起討論回美國創立天使投資人俱樂部（angel club）的可行性，我把交大天使投資俱樂部的相關重要關鍵都告訴他，後來他就在灣區創立了台灣全球天使投資俱樂部（Taiwan Global Angels, TGA）。當天討論快要結束時，詹茹惠帶著她的女兒一起出現，這是我跟她第一次見面。

她希望我能夠投資她的公司芙彤園（Blueseeds），於是我安排她到交大天使投資俱樂部審查會來報告。因為芙彤園是登記在台灣的無面額架構，我告訴她，我們不可能投資她，因為當時台灣還沒有任何一家無面額的公司上市櫃過。然而她不放棄，打了好幾次電話給我，我還是回絕她。最後她說，如果她的公司改為海外架構，問我是否可以投資？我回答她可以考慮，她說她馬上回去寫計畫，隔年就把公司改為海外架構。經過幾次討論後，我發覺她是一個不可多得的生意人才，展現高度熱情兼具不怕挑戰且棄而不捨的個性，這是我所熟悉的成功特質，於是交大天使投資俱樂部就決定要投資芙彤園了。

可是當時芙彤園已經沒有現金，幾乎連薪水都發不出來了，而且投資還有一定程序要跑，資金沒有那麼快能到位，只好趕快幫她想辦法先籌措一些現金。因為她已經得到全家便利商店的訂單，於是我帶她先到一銀租賃去，用全家的訂單去借錢，借到了；再帶她到中租去，用另一筆訂單借錢，也借到了。感謝老天，終於有錢運作了！在此期間，交大天使投資俱樂部的投資程序也跑完了，注資芙彤園三千萬，她終於可以鬆口氣，也有錢可以好好拓展生意了。

許多人問我，為什麼敢在她沒錢的情況下投資她？一則因為詹茹惠本身已經有多次創業的經驗，書中也提到，從小她就被視為是做生意的料；二則因為台灣的新創公司都很難拿到錢；三則 Blueseeds 是一個非常有潛力的公司。我心想，若是一個有潛力成功的人我們都不支持，那該支持誰呢？

況且 Blueseeds 所從事的香氛行業，從契作、租地、整地、育苗、種植、培育、收成、置放、萃取、精煉、放置熟成、裝瓶、包裝、銷售、寄送、應收帳款，這麼長的程序，每一個步驟都要錢，她過去也才募資八千多萬，就能夠有這麼完整的生產設備及高階的產品，還能有全家便利商店及一些大的客戶，我推測公司沒錢是應該的！若能提供臨門一腳的營運資金，公司應該馬上就會有起色才對。果然不出所料，我們二〇二二年投資後，當年度就開始賺錢了。看起來，未來持續賺錢應該不會是問題。感謝老天幫忙，賜給我們這個投資機會。

談到書中闡述，她堅持只用第一道初萃精油製作產品，並以六大核心主成分生產零人工化學添加的洗沐用品；崇尚自然農法的種植卻遭受各項挑戰，包含契作農民偷用除草劑而必須打掉重練，還有刻意欺騙的農民，造成莫大損失，這些都轉化成她成長的動力，只能說她把吃苦當作吃補，而她內心對土地及環境的友善，讓她堅持必須帶農民創造價值以便能增加收入。她把香氛產業導入ESG當作事業的起點，到處比賽，把可以得到的獎項幾乎都得了。她邀請專家用科學方法算出Blueseeds每公升洗沐用品可以讓土地儲存〇．一一公噸的二氧化碳（種碳）並減少一．五萬噸的農業廢水排放，說實在是用心良苦，她這種喚起重視自然農法的做法很值得大家重視及效法。

詹茹惠花大錢到歐洲學習，讓自己變成優秀的調香師，研發產品時以客戶的需求為考量，例如，亞熱帶的台灣會用乳液、熱帶的新加坡喜歡精華液、寒帶的冬天很冷則需要溫暖及木質調的香氣、矽谷充滿年輕活力與創新精神，分別調製不同的產品來滿足客戶需求，無疑是極佳的做法。而她所特別調製的「女王精油」則帶有修復作用且充滿香氣又有愛情的女王滋味，堪稱一絕，充分顯現出詹茹惠的個性。

台東副縣長王志輝先生剛好是交大運管系畢業的學長，我曾經與詹茹惠去拜訪他，提出「把台東經營成香草的故鄉」的概念，不但能提高農民的收入，又能把遊客帶到台東來，住宿、旅遊，增加觀光收入，還能採購高附加價值的精油產品，一舉數得，副縣長也很贊同這樣的做法，因此對 Blueseeds 也特別支持。我們更期望詹茹惠未來能把 Blueseeds 推向國際，成為台灣第一家國際知名的香氛企業，雖然這是個艱辛的路程，相信詹茹惠一定可以達成願望。

另外應該給詹茹惠豎一個大拇指的是，她積極培養視障生成為調香師，這是非常艱辛的任務。視障者無法看到精油的分量，必須靠著靈敏的鼻子，多次摸索，失敗再失敗，經過無數次的失敗才能成為合格的調香師。Blueseeds 這幾年來已經培養了十名視障調香師取得國際證照，讓他們活得有信心、更有尊嚴。視障者陳一誠更在產品發表會中展現「沐曦春光」作品並大聲跟大家說：「我是 Blueseeds 的調香師陳一誠」，當時我在現場，感動地幾乎掉下眼淚來，非常以他為榮，更以詹茹惠的用心為傲。

詹茹惠很能善用資源，例如她跟歷史博物館合作，授權常玉的裸女圖，做成常玉浴女洗沐禮盒，成為史博館專賣的產品，也發展台灣特殊味道的「海洋」與「島嶼」，帶到美國雙橡園去發表。她把收入的部分比例捐給慈善機構，這是詹茹惠展現愛心的另一個方式。她推出「認養一畝香草田」的活動，鼓勵大家一起愛護環境、守護地球，已經獲得數家大企業的支持，Blueseeds 把公司產品銷售額的五％分別捐給台東「孩子的書屋」、勵馨基金會、陽光社會福利基金會、新生命資訊服務公司、台北市視障者家長協會等單位，無疑是社會企業的最佳典範。期望本書出版後，能吸引更多企業加入「認養一畝香草田」的行列，大家一起做公益。

最後要提的是，書中「香草小學堂」所提出的香草都是 Blueseeds 常用的項目，諸如左手香、玫瑰天竺葵、肥皂草、薰衣草、依蘭、檸檬草、迷迭香……，可以讓讀者了解各類香草；還有「精油小學堂」提出 88 精油、暖宮精油、渴望複方精油……，協助讀者熟悉各種精油的作用，把祕密都公諸於眾人面前，這種無私的行為其實是令人讚賞的。

真高興交大天使投資俱樂部有幸能投資芙彤園，與詹茹惠並肩作戰，把台灣的精油產業做起來，成為台灣的特色並邁向國際。祝福這位屬馬的精油女王，在二〇二六年能披著彩衣，讓芙彤園能順利敲鐘上市，美夢成真。

推薦序

化不可能為可能的創業家精神

黃世嘉／Dreamhub Ventures 創始合夥人

感謝詹茹惠的邀約。記得在多年前一個晚上，我陪詹茹惠在國外拜訪客戶與開會，到半夜十二點剛好回到旅館門口，我感覺到一個創始人熱愛事業的拚勁，就在這樣的瞬間，開始了投資芃彤園的旅程。

芃彤園公司模式很獨特，用農業上的創新力量，製造出世界級品質的產品，然後利用ESG的企業力量來推動，連結點是大家不熟悉的台東香草與肥皂草。

投資邏輯上，我看到適合台灣的孰悉方程式：做B端（台灣文化DNA做C端的挑戰比較高），運用島內豐富多元的各式供應鏈（包含設計、物聯網等軟實力），面對製造型為主的企業的ESG需求，用深加工的技術來振興處於價值窪地的農業。投資邏輯只是理性，這類事情要成功，還是需要化不可能為可能的創業家精神，如第一段所述。

芙彤園是以融資型新創模式發展的社會企業，這點非常獨特。我父親成立過幫助脊髓損傷傷友的社會企業，我自己也成立過一個，對此有些切身感受。在台灣，唯利是圖的商人跟發心偉大的慈善機構，似乎總是在光譜的兩端，但是缺乏一個中間點：不完全以營利為目標，且有提供其他社會價值的事業。

社會普遍缺乏對商的教育觀念：商其實是一種開發運用資源的立體能力，它透過掌握人性、提高效率來創造價值，華人普遍對商的認識還是在商人無祖國、賺錢是唯利是圖，不然就應該是賺太多以後做捐贈或慈善，對於現代商道的正面意義理解不深，這點讓社會企業的概念推動起來比較辛苦。

雖然近年企業來越來越重視ＥＳＧ，但很多公司都還是為了投資人關係（Investor Relations, IR）擺擺樣子，詹茹惠設立新創公司採取社會企業模式，等於是資源不足時，又要做連有資源的企業都不做的社會回饋，這當中會非常辛苦，有點像光腳又綁沙包去參加跑步比賽。Blueseeds 作為先行者，如果它能成功，那會鼓舞非常多類似的力量往前邁進。

我想詹茹惠出書是希望累積更多力量，很高興看到這麼多人士參與和支持。我因為算是比較深度參與這過程，想到當中還有一些沒有列名的灌溉者（包括多位設計師、顧問等），還有許多支持公司的其他天使投資者，無論你是哪個時段、用什麼方式參與這段旅程，也都謝謝你。

推薦序

堅守良善初心，追求創新敢變

葉榮廷／全家便利商店董事長

芙彤園二〇一六年甫成立的草創階段時，全家便利商店在因緣際會與理念契合之下，成為合作夥伴迄今已六年多。

在芙彤園正值八歲生日時，詹茹惠創辦人將創業以來堅守永續純淨信念、與土地小農共好的故事，化作為可流傳的著作，讓這股良善的社會影響力更顯擴大了。

全家品牌精神以顧客需求為先，並呼應聯合國永續發展目標 SDG 12，實踐負責任的生產，在食品開發上力行「不必要的添加物都不添加」的最高原則，守護消費者的健康生活。

當我們二〇一七年於一場活動中認識了 Blueseeds，了解到 Blueseeds 的產品皆以自然農法做到天然、無毒、無添加後，即希望在能力範圍之內給予支持、提高產品接觸率，即便香氛日用產品在便利商店並非是主力銷售品項，我們第一波就導入了六款洗沐用品於全國上千個店點全面上架開賣。

後續幾年的合作更深化、擴大到全家自有品牌，以 Blueseeds 的有機香草為基礎，共同開發 FamiCollection 土地友善洗沐產品，並以香草入料製成全家自有鮮食的義大利麵、冷藏甜點、Let's Café 拿鐵咖啡等，迄今在全家實體和數位通路上長期販售的品項超過二十項。

這不僅豐富化、差異化了全家產品線，也滿足消費者現今追求環境友善、在地真食材與少添加的需求，更讓社會企業的優質良品有更廣大的曝光舞台，成就了通路品牌、供應商和消費者三方有利的多贏局面，也讓 Blueseeds 和全家年年都獲頒經濟部 Buying Power 社會創新獎項的肯定。

這一段歷史現在說起來輕巧，但讀者閱讀完這本書後即會發現，這是一個需要努力不懈、堅守良善初心、追求創新敢變的勇敢故事。全家很榮幸，能身在其中。

推薦序

詹茹惠的永續創業路：堅持、啟示、挑戰

簡又新／中華民國無任所大使、
台灣永續能源研究基金會董事長

在商業界競爭激烈的舞台上，只有少數企業能存活下來，然而這些少數成功企業中的大多數故事都有一個基本的線索，那就是對創造卓越產品的堅持。詹茹惠的創業過程告訴我們，正是這種堅持，才能贏得客戶或使用者的信任。而信任也是她在創業初期和歷經艱難時刻時，能贏得投資的關鍵，「誠信」（integrity）是企業永續經營的基礎，不會為了短期利益而改變核心價值。堅持與信任環環相扣，最終才能引導出一連串的成功。

「我就像個老師一樣，不斷傳播自己的主張與知識，而不僅僅是銷售產品。」這句話深深觸動了我。為了推廣永續理念，我創辦的基金會近年來舉辦很多活動，但是活動只是理念的載體。因為我持續地用不同活動來對不同受眾推廣永續概念，許多朋友稱我為「永續理念的布道者」，然而，我

也像一個永續的學生，因為「永續」是一個跨領域、跨世代的學問，充滿新觀念和不斷演進的標準。我相信詹茹惠在不斷傳播自己的主張與知識的同時，也是不斷學習，不斷擴張與更新她想傳播的理念的資訊庫。

詹茹惠堅信社會企業不一定是小企業，不一定是弱勢企業，也不一定只能賣悲情故事。這讓我想起我在NGO領域推廣永續理念的十六年經驗。一般大眾對NGO的印象往往不外乎是：有理想但規模小眾、面臨資金難題、艱難求存。對此，我經常建議NGO，要找到適合自己的經營模式，就像企業一樣，要具備存活的能力，才能堅守自己的理念。無法永續經營，有再多的理想抱負都無處著手。社會企業也是，當你堅持著對社會有貢獻的核心思想，又找到了適合自己的經營模式時，誰說社會企業只能賣悲情？

她在書中提到，他們在加拿大的體驗中心，開業不到一年就宣告收攤，這個決定是因為她曾經經歷過可怕的SARS，因此對新冠肺炎疫情的可怕影響也有深刻的理解。我在這個故事中看到的是她果斷的決斷和吸取教訓的能力，非常難能可貴。停損，需要的是對現在、對未來狀況的理解與分析，更需要決心，也需要對過去不戀棧。

詹茹惠以科技業的背景和專業知識，系統地打造農創產業。她的專業背景與能力為她的事業提供了厚實的基礎，使她即使跨領域也能夠創造出具有競爭力的產品和銷售模式。Blueseeds 品牌在成功地保持了本土特色的同時，能主攻國際市場，這是少數成功走出國際的商業模式之一，而這種成功的平衡也來自她對永續發展的獨特見解。

永續發展的一個重要挑戰是在經濟和環境之間找到平衡點，詹茹惠在創業初期就將這個概念納入企業經營，積極尋求社會發展和自然環境之間的平衡。這個正確的核心理念是她成功的重要因素之一，也是她在這本書中著墨甚多的主題。她的永續創業是一個充滿堅持、啟示和挑戰的故事，透過這本書，讀者將可一一探索這些面向，深入了解她的成功之道。

自序

記得我們在香草田的約定

詹茹惠／Blueseeds 創辦人

二〇二四年一月十一日，是Blueseeds 歡度八週年的日子，這片承載著香草之夢的田地，能夠日益茁壯成今日風采，要感謝客戶、夥伴、股東、團隊與自己無數的善意與堅持。

當我在準備這本書出版作業的同時，又重新回顧了這趟我人生下半場最重要的創業之旅，整趟旅程雖布滿荊棘，但更多的是欣喜、感動與成就感。

親友說我懷抱著使命，所以能夠義無反顧，我則是自覺帶著天命，因此無怨無悔。

我跟精油的緣分很深，或許與自己年輕時深受失眠、皮毒、躁鬱症之苦有關，因此自己摸索，並到歐美拜師學習，從解決自身問題開始，再協助身邊親友改善身心狀況，取得相關證照後，便將國外精油體系融合台灣在地的香草特色與風土環境，建立出一套自有的調香與教學系統，希望能幫助更多需要的人。

我深諳化學用品對身體的傷害，因此 Blueseeds 從最初設計產品時，即以解決環境賀爾蒙及水汙染所造成的問題為目標，打造全球極為罕見、零人工化學合成添加的洗劑，並積極投入復育土地及創造偏鄉就業。

我們首先成立了農私塾，教育有心投入的契作農學習自然農法，在種植過程中，堅持完全不施加農藥、化學肥料與除草劑，生產出無毒、天然的香草農產品；我們也堅持只用第一道初萃精油製作產品，並以六大核心主成分生產零人工化學添加的洗沐用品：以肥皂草的天然皂素取代化學界面活性劑，以精油、精露香氛取代人工香精，以海藻和海鹽取代化學增稠、防腐劑，並以蘆薈增加水潤度。

Blueseeds 堅持採用無添加的天然原料，確保人體健康，並透過芳香帶來正向情緒，讓身心狀態得到更好的平衡，而這些洗劑流入水溝、回歸土壤後，也不會對土地造成損害。從友善土地出發，讓人體受益，再將善果回饋到環境，以此創造正向的生態循環，這就是 Blueseeds 的核心理念。

正能量的流動，不僅體現在土地與產品上，也落實在我們的社會責任與弱勢關懷上。我們長期投入公益活動，與台北市視障者家長協會（PAVI）合作培訓視障調香師，設計特有的培訓教材並連結產業資源，且聘用視障學生為正職員工，讓香氛成為視障者的優勢職業；此外，Blueseeds、台北市視障者家長協會、國立歷史博物館也多次攜手，經由史博館文物授權，透過視障生親自觸摸及專家轉述等過程，轉譯成兼具文化底蘊與歷史內涵的創作靈感，活化國家級典藏，調製出屬於台灣獨有的香氛產品，同時展現出視障調香師作品的市場價值。

另一方面，我們也與台灣許多公益團體合作，包括勵馨基金會、陽光社會福利基金會、孩子的書屋、新生命資訊服務、台北市視障者家長協會、台北勝利社會福利事業基金會在內，由 Blueseeds 長期捐助特定產品收益的一定百分比，藉以回饋社會、扶持相關弱勢族群；最重要的是，我們沒有等到公司開始賺錢、成長茁壯後才開始回饋，而是在公司草創初期、尚在虧損的階段就決心投入，因為一路上我也得到許多貴人的支持，我深信如果每個人都能抱持「滴水之恩，湧泉相報」的信念，啟動善的循環，終能匯聚成沛然莫之能禦的力量。

從電子業到農創產業，我順理成章借用了許多在電子業慣有的商法，不管是專注企業端（B2B）市場的策略，從原料、研發、生產到銷售的一條龍經營模式，或者是自建智慧財產權（IP）的概念，甚至像是善用訂閱制、區塊鏈產品溯源、大數據分析、無人機栽種與農地管理等智慧應用與科技工具，這些都讓 Blueseeds 在激烈競爭的香氛品牌中，具備獨有的競爭優勢，並發揮後發先至的效果。

然而，說到 Blueseeds 真正能在市場上站穩腳步，甚至即將躍上國際舞台的關鍵，我個人認為心法比商法重要得多。因為起心動念都是以善為出發點，因此我們能將理念轉化成商品，讓許多企業與消費者所認同，並且重新思考自己與土地、環境之間的關係。我們希望擺脫社會企業的悲情形象，更要證明社會企業也能具備商業營運能力，在追求創新、解決社會問題的同時也能創造經濟價值，如此一來，不僅擁抱永續精神，企業本身也能永續經營。

藉由這本書的出版，我要衷心感謝我一生中最重要的幾個人：我的母親詹曹碧玲，她有種堅毅不拔的韌性，總能靠著樂觀進取克服所有困難，每當我在創業過程中遇到低潮，她不僅給我經濟上的最大支持，同時給我心理上的最大慰藉，讓我相信只要有好的理念，善用智慧與努力就能漸入佳境。

我也要感謝我的老公，當我在職場上努力投球、揮棒時，他是最好的捕手，幫我承擔起母親應有的許多責任，幫忙接小孩上下學、帶她們學鋼琴、舞蹈等；他也以自身的豐富學養與創業經驗，給我許多工作技能上的建議，不斷鼓勵我學習、灌輸正確的價值觀，儘管他不時會擔任烏鴉的角色，講一些不好聽的話，但當我聽進這些建議，總能規避許多不必要的風險。從人生舞台到創業平台，他都是我最稱職的導師。

我也要感謝大女兒蓮蓮、小女兒蘋蘋，陪著我一起創業，她們不僅是我的家人，也是我的工作夥伴，還是我知心的朋友，讓我的各種情緒有個適當的出口；從她們身上，我彷彿看到年輕時候的自己，希望她們能夠保持冷靜、充滿智慧、加上熱情，在人生的道路上活出自己的精彩。

我何其有幸，出身在一個幸福的原生家庭，自己又組成了一個溫暖的家庭，不管週間的工作有多忙碌、多辛苦，只要能跟家人一起度過自在的週末，週一就能滿血復活、神采奕奕回到工作場域。

在工作場域，我也遇到了無數的貴人與好人。我要感謝何飛鵬、曾國棟、毛治國、呂秀齡這幾位老師，在 Blueseeds 的發展過程一直無私地給予鼓勵與提點；我也要感謝徐翠霞、孟惠霖、袁梅珍、詹益鑑、黃世嘉、楊雅琪、王耀斗、Steven Liu、方元沂、林英權、陳俊秀、徐竹先、盧克文、羅秀英、洪任遠、阮蓓芬、許仁和、蘇瑞玫、程淑芬、林文欽等人，他們給予 Blueseeds 的資助，讓公司擁有兼顧理想與現實的本錢；我也要感謝第一號員工彭聖恆（Andy）、第二號員工蔡兆雯（Tammy）、陳一誠及所有員工，你們的付出與努力，是公司能夠走到現在的最大力量。

最後，僅將這本書獻給所有陪伴著 Blueseeds 創業歷程中實現美好價值的我們，以及在台灣這片土地上堅持奉獻的你們，希望 Blueseeds 的創業故事，能夠啟發大家更珍惜周遭的環境，同時鼓舞著更多人加入綠金產業、社會企業與永續行動的行列，為社會注入生生不息的能量。

PART 1

堅持天然純淨

——在動了六次手術之後

01

特立獨行的破框者

「我猜想十七歲的女生，有明亮的心和朦朧的眼睛……。」炎熱的夏天，彰化一間透天厝的房間一隅，二個高中女生圍著方桌，聽著這首李宗盛的〈十七歲女生的溫柔〉，突發地感嘆青春歲月的倏忽、人生苦短。

閨密間的私密對話

畫面中的二位主角，是就讀高二時的詹茹惠與她的閨密。二人在班上都是特立獨行的存在，閨密有著嬌小的身材、精緻的美感；詹茹惠則有著不羈的性格、獨來獨往的率直，不受控，也不喜歡被規矩框住，面對權威絲毫不退縮，覺得課堂太無趣，背起書包就走出教室，老師擋也擋不住。

詹茹惠很有主見，學習的方式也自成一格。她上課時從不動筆，總是攤著空白的課本，考前就去跟同學借筆記來抄，卻經常名列前茅，因為她在老師講課時很愛聽故事，便把握機會將重點在腦海裡梳理一遍，用理解取代強記，學習效率反而更高。

除了在課業上有不錯的表現，詹茹惠還是一名允文允武的才女，她在學校參加許多社團，包括芭蕾舞、舞蹈與話劇社，也曾參加過田徑隊、躲避球隊、籃球隊；有時遇到社團或校隊練習時間衝突時，兩邊還要相互協調，讓她得以兼顧。從學生時代開始，她便展現了廣泛的興趣與才華，而且總有排不完的行程。

對詹茹惠來說，學習之路沒有盡頭。某次學校舉辦演講比賽，她自告奮勇參加，卻被老師以「妳有太多事要做」而制止，但自信滿滿的她回覆說：「得不得名是一回事，我有嘗試的勇氣就值得鼓勵！」老師因此被她說服，最終她贏得了季軍。

「我發現妳有個神奇的地方，可以把時間放大，」閨密曾對詹茹惠這麼說。在有限的青春歲月中，沒有人可以將時光的長河放慢，但詹茹惠彷彿有一種魔法，將河道變得寬廣，不僅在當下豐富自己的生活，面向未來也能容納更多的夢想。

命中注定做生意

詹茹惠出生於彰化員林，她自承童年時期的影響很大，「我從小就喜歡賺錢，還沒學算術就能判斷錢有沒有算錯，」許多親友都說她是「生意囝」，她長大後能在業務拓展與經營管理上展現長才，顯然是與生俱來的本事。

從小個性開朗活潑的她，深受鄰里親人的喜愛。爺爺經營男士理髮廳，對她這位長孫疼愛有加，為了跟爺爺奶奶一起享用零食，她堅持每天晚上都要去那裡報到，如果父母不帶她去，就哭鬧著不睡覺，大家拿她沒轍，只能順從她，連下雨天都要撐傘去，只為了吃一顆蘋果。

「那時的我，就發現大人是可以要求的。」原來詹茹惠談判協調的手腕，是自小培養的。有名的北門肉圓就坐落於家的附近，爺爺總是會牽著她的小手，帶她走過六、七戶的門前去買肉圓，看著小女孩滿足的模樣，別人笑問她長大是否要做肉圓，沒想到人小志氣高的她立刻回答：「我不要做肉圓，做菜很辛苦，我要做肉圓店老闆，開店算錢比較好！」

她對金錢有種天生的敏銳度。還沒就讀小學的她，有天看到老闆的小孩在自家麵店找錢，發現好像找錯錢，原來這種情況已經發生一段時間，還好她即時提醒，也讓老闆娘大讚她很有金錢頭腦，「以後一定是做生意的料。」

自小就有賺錢夢的她，經常幫忙做各種家庭代工賺取零用錢，縫襪子、挖荔枝肉、龍眼乾都做過，後來家庭代工帶來的收益，已無法滿足她小小的心，甚至自己擺起了生意，逢年過節時就會向批發商購買抽抽樂讓鄰居抽，大人看到她討人喜愛的模樣，也都會掏錢支持她一下。

麥當勞的衝擊

出生在幸福的家庭，她在家人的疼愛包圍下長大。父親在台中電信局工作，很喜歡自己動手做，會用木材訂製樹屋給孩童們玩耍，母親對她非常關愛呵護，舅舅經常帶給她想法與視野的刺激，她喜歡當舅舅的小跟班，跟著他看電影、聽收音機、要求買口香糖吃。

令她最難忘的，是舅舅與舅媽帶她到位於台北民生東路的全台灣第一家麥當勞，排隊排了快半個小時，才第一次嚐到麥當勞漢堡的滋味。第一次對外國文化產生如此強烈的衝擊，後來她到台北讀大學後，也選擇在麥當勞成都店打工，外商文化的薰陶、標準作業流程（SOP）的制定、跨國企業的制度、教學影片中優美的英文口音，都讓她眼界大開。

那時還是學生的她或許沒料到，麥當勞的衝擊在她心中悄悄埋下的種子，會在後來開花結果，她不僅圓了自己的美國留學夢，在創業路上也一直以跨國企業為目標。雖然她自嘲天馬行空、異想天開，什麼目標都想達到，但正因為敢作夢、勇於實踐的特質，那個勇敢作夢的女孩，才能一次又一次開創屬於自己的天地。

從電子業到香氛業的十字路口

詹茹惠從年輕時就對香氛很有興趣，二十幾歲開始使用精油，也很愛購買各種香氛產品，標示有機的產品更會特別買來實際體驗一下。「當時我一知半解，大概可以區別是花香、果香或木質香，否則就很直覺挑選自己喜歡的香氣，其中我特別鍾愛柑橘、薰衣草的味道，就覺得香氛有一種神奇、迷人的力量！」

進入電子業工作後，經常需要到歐美出差，精油更是她隨身包包中不可或缺的東西。在晚上出發的長途飛行中，她通常不看電影，也不吃東西，唯一的事情就是要好好睡覺，很注重「儀式感」的她，會把自己的位置安排妥當，換上寬鬆舒服的衣物，然後拿出有紓壓效果的精油及保濕保養品，換得一路好眠，以便養精蓄銳，迎接下機後的忙碌會議與行程。

詹茹惠進一步與香氛結緣，則是因為經常到德國及歐洲各地參展，結束後她就會去有香草、香氛的地方放鬆身心。例如到南法的普羅旺斯，目睹綿延無盡的薰衣草田，為大地鋪上一塊紫色地毯；或者到荷蘭欣賞五顏六色、繽紛多彩的鬱金香田，不僅視覺充滿震撼、空氣中還瀰漫著花香。面對這樣的景致，即使只是靜靜欣賞、放空發呆，都能洗滌心中的煩惱與身體的疲累，蓄積「滿血回歸」的能量，得以重新面對現實的壓力。

此外，她也會特別跑去英、法等國家，參加專業的芳療、調香等課程，接觸到大師級的五感體驗，也習得更有系統的香氛知識。「電子業真的很緊張，展覽期間忙著與客戶開會、接訂單，結束後只想要讓腦袋淨空，當時充分感受到香氛的自然療癒效果！」

有次她到巴西出差，特別前往香草園參觀，當地的農夫一邊介紹香草一邊讓參觀者嚐味道，還強調這是「自然農法」種植的；但到了某個園區時，卻叫我們不要摘來吃，因為那些是要賣給保養品公司，都有噴灑農藥、蟲不會咬，長得比較多。雖然當時還不在這個產業，但已對「自然農法」留下深刻印象。

電子業壓力山大，靠藥物買睡眠

詹茹惠在創辦 Blueseeds 之前，長期在電子業工作，她擔任 Amigo 這家網通設備公司的總經理，帶領公司業績一路成長，並於二〇〇四年順利上櫃，但在外表光鮮亮麗的背後，卻付出了慘痛代價。「那時候壓力山大，幾乎每天都失眠，要吞二顆安眠藥才能入眠，每次要花四美元才能買到睡眠！」

二〇〇〇到二〇〇四年間，在準備公司上櫃作業最忙碌的期間，詹茹惠每天都得仰賴安眠藥，但又擔心藥性不能排掉，除了大量飲水以外，每天上班前都會安排食療與按摩。早上六點芳療老師會到家中，用番茄、洋蔥等食材熬煮一鍋「巫婆湯」，讓身體能夠排毒，同時兼具瘦身效果，再進行二個鐘頭的按摩，到了八點洗個澡、喝完湯，就能容光煥發地到公司上班。

「當時我的最大願望，就是不要再吞藥了！」詹茹惠回想起那段在電子業的日子，忍不住用「太可怕」三個字來形容，連最基本的睡眠都變成奢求。週一到週五大腦都隨時要保持高速運轉的狀態，雖然身體跟心理都很疲累，但大腦始終無法靜下來；即便下班後回到家裡，想到國外的客戶、訂單、分公司的狀況，還是會有滿滿的焦躁感，只有假日會稍微放鬆、比較容易入眠。

有次她到法國出差，在路上看到招牌寫著芳香療法（Aromatherapy）的英文大字，不禁眼睛一亮，她馬上進到店裡詢問，店員跟她介紹芳療機與精油，她不顧機器是否有電源轉接頭，就迫不及待把芳療機與精油帶回家。

因為電子業的工作習慣，她馬上在腦中打起算盤，每瓶精油六十歐元，相當於十五天份的安眠藥，如果半個月過後效果不錯，就可以改用精油助眠了。

但她心中也出現一個念頭：這瓶精油不過十毫升，加上玻璃瓶與包裝也沒多少成本，就可以賣到六十歐元，跟自己辛辛苦苦做一台路由器差不多價格，但電子業的門檻比香氛行業高很多。於是詹茹惠在心中悄悄種下一個種子，以後如果要轉業，一定要投入跟香草、香氛有關的行業。

懷孕期間身心狀況拉警報

除了失眠以外，詹茹惠在二次懷孕期間一連串的身心狀態變化，讓她驚覺原來自己的健康出了很大問題。

三十歲懷第一胎時，她得了妊娠毒血症（又稱子癇前症），身體會產生異常的體壓，只能住院在醫院裡安胎，但當時不知道嚴重性，傻傻地剖腹生產，誕下一個早產兒，只有一千八百八十一公克，大女兒在中山醫院出生，卻在國泰醫院保溫箱待了整整一個月。後來醫生表情嚴肅地告訴她：「妳差點死掉，妳知不知道！」她才知道自己從鬼門關前撿回一命。

懷第二胎時更是辛苦，懷胎四個月時身體就非常不舒服，因為擔心自己與胎兒的狀況而壓力爆表，憂鬱症與躁鬱症接踵而至，後來二女兒還是提早二個月報到，一出生只有一千二百一十八公克，必須待在新生兒加護病房，在台大醫院保溫箱更是待了二個月之久。

在安胎期間的四十天，每天除了吃飯以外都只能臥躺在床上，加上一直沉浸在悲傷的情緒中，整天吵著要出院，先生為了安撫她，只能每天跟醫生請假四小時，拔掉點滴帶她去外面透透氣。

她以為是醫院環境的問題，接連從中山醫院轉到國泰醫院再轉到台大醫院，到台大醫院報到時，當她拿推薦信給接待人員看，對方竟對著她說：「前二位醫生都是很有名、很專業的產科主任，妳一定是很壞的病人！」

即便住的是單人房，她的狀態還是沒有改善太多，這時候幻聽的毛病又開始發作，每當夜深人靜時，她就會開始悲傷哭泣，幻想一切可怕的生產情節，甚至覺得有人在耳邊吹風或者發出奇怪的聲音，令她不堪其擾。為了克服自己的低落情緒，她請女兒將家中的CD播放器及喜歡的CD專輯都帶到醫院，藉由音樂與香氣，她終於緩解自己編織出來的悲傷情境，也才能安心入眠。

躁鬱症上身

對於詹茹惠來說，曾經歷過電子業的好日子，出手闊綽，出國購物毫不手軟，大不了就是賣幾張股票變現，但這種高收入並不能與生活品質畫上等號，她常有被榨乾、壓力無法排解的感覺。

另一方面，牡羊座的她，原本就擅長投資理財，當時電子業收入豐厚，又不肯只放銀行定存，於是大舉投資房地產，經常都在處理買賣、房租、稅務、裝潢、家具等問題。先生看不下去，很嚴肅地告訴她：「你要不要半年不要上班，把這些房子都賣掉，不要一天到晚都在處理這些事務，根本就是自找麻煩。」

後來她才驚覺自己得了躁鬱症，不僅喜歡購置房產，也很愛買名牌包，常添購家裡的各種東西，甚至一次就捐款幾百萬元。她解釋，「因為要忙公司的事，又要忙家裡的事，要顧慮小孩的健康，又有許多資產要處理，種種壓力與焦躁不斷累積，所以會呈現出這些行為。」

毅然出脫公司

想要擺脫電子業束縛的念頭已在心中醞釀，這時產業競爭環境恰巧出現天翻地覆的變化，讓她不得不加速思考自己的下一步。

二〇〇〇到二〇〇四年，台灣的網通設備產業正面臨中國廠商的崛起，由於晶片業者紛紛推出 Turnkey 解決方案，各家設備廠在軟體與韌體的差異化越來越小，毛利率掉到只剩一〇到二〇%。當中國廠商的價格只要一半，而且中國政府以政策補貼他們到全世界各地參展，台灣廠商逐漸被邊緣化、優勢所剩無幾，她知道是時候該放掉公司了！

趁著手上還有毛利達三〇至四〇%的國際大廠訂單，詹茹惠在二〇〇六年將公司脫手，先生的公司也在二〇〇八年順利出售，隨後二〇〇八至二〇〇九年發生全球金融海嘯，所有產業都陷入愁雲慘霧，她有感而發對先生說：「我們有被神眷顧到！」

從 Amigo 退下之後，詹茹惠並沒有休息太久，自承是工作狂的她，很快被一家中國印刷電路板（PCB）廠商高薪禮聘，到海南島協助這家公司的上市作業，公司提供很優渥的條件，包括住宿、汽車、司機、保母、祕書應有盡有，她也逐漸學會在工作與生活之間尋求更好的平衡。

在完成階段性任務後，她在二〇一一年回到台灣，到先生友人的一家網路資安公司擔任總經理。從網通設備到資安業，詹茹惠可以說是如魚得水，她接觸到最新的雲端技術及軟體服務，也認識了很多政府部門的產業窗口、金融業老闆，到處上課、演講、拜訪客戶，足跡踏遍歐美、亞洲各地，也因緣際會接觸到新創產業，對於創業計畫的啟動，也產生了一定程度的推波助瀾效果。

大蘋果的啟發

二〇一四年六月，她以資安公司總經理的身分，陪同前新北市政府研考會主委吳肇銘等人到美國紐約，參加智慧城市的國際競賽，也前往九一一紀念碑、中央公園、第五大道、中央車站、川普大樓等地標朝聖一番，還花了一千美元包了一艘船遊覽紐約港，在船上一邊欣賞紐約風光、繞行自由女神，同時大啖海鮮、品嚐美酒，在忙碌行程中享受片刻的放鬆。

雖然每次的出差都是兵疲馬困，但她習慣事先規劃好所有的行程，然後一一去落實，而且一定要安排玩樂調劑的行程。例如為了去紐約某知名飯店吃下午茶，會在一個月前先預訂好；為了犒賞同仁的辛勞，她會先安排好附近知名的米其林餐廳，當她看到大家品嚐到一客三百五十美元的頂級牛排時滿足的笑容，整個行程的疲累似乎都拋到九霄雲外了。

這趟紐約之行，讓她對這座城市的都會風情與創業風氣留下深刻印象，當她來到紐約證券交易所時，她立下一個志向：「如果將來再創業的話，最想到美國來掛牌」，當她來到中央車站的蘋果旗艦店，更是發願：「如果要開店，一定要開世界級的店，落腳在中央車站這樣的地標，讓所有人都來這裡打卡拍照。」

當她參加紐約大學（New York University）的新創競賽，更被台上台下充滿熱情的創業者感動，激起她的創業魂，「其實，在創立Blueseeds之前，我的生命就很豐富了，但我還是一直準備好要創業，我把心情回歸到大學生要創業的狀態，將杯子全部倒光，重新裝東西，當時不知道過程會這麼辛苦，但我就當作是吃補跟養分。」

許多想要移民紐約的人，心中都有一個「大蘋果夢」，詹茹惠對紐約的想像，或許跟別人很不一樣，但那時候的她很清楚，自己在資安公司的任務一結束，一定會展開自己的下一次創業之旅，因為她已經準備好了！

接觸國際精油品牌

為了更貼近自己的夢想，她開始接觸其他精油品牌，了解其產品成分、包裝設計、行銷手法、獎金制度、商業模式等。詹茹惠表示，我既然要做精油這個事業，就要深入研究別人的做法，看他們怎麼介紹精油、怎麼使用精油、如何建立自己的組織、那些領導人如何致富等。

後來她選擇加入了美商 Young Living 的體系。當時老外常問她，為何要從台灣大老遠跑到香港、新加坡參加活動？她不假思索地回答：「我想學習國際化的手法，像是如何進行國際研討會、如何進行跨國的行銷組織招募等。」

Young Living 採用傳銷模式推廣產品，但她不同於一般人都是找親朋好友當下線的做法，堅持找不認識的人來發展組織，再讓這些人去找他們的親朋好友，因為「傳銷最忌諱找親朋好友來做，如果沒處理好就會影響感情與交情。」

因為本身對精油知識有足夠掌握，加上在不同產業累積的人脈，她順利將 Young Living 產品推到知名飯店的芳療 spa 館，還將國外課程引進台灣，首場活動在六福皇宮舉辦，吸引超過五十人把會場擠得滿滿的，讓國外來的領導人都相當滿意。

當時 Young Living 有一位高階領導人——法蘭西絲・芙樂（Frances Fuller），是從美國邁阿密到亞洲開疆拓土的元老，她一九四四年生，正好跟詹茹惠的母親同齡，但仍勇敢離開故鄉、開創全新事業，那種決心讓她深受感動。芙樂後來相當成功，成千上萬的亞洲經銷商都是她的下線，二〇一一年時不含分紅的月收入就高達十二萬美元，之後更是坐領一百萬至二百萬美元，讓她深刻體會到傳銷業驚人的組織力量。

詹茹惠在加入半年後，就從經銷商成為台灣首位銀級領導人，下線多達上千人，香港的鑽石級領導人特別飛來台灣頒獎給她，她的上線也都非常看好她，「那時每個月來自Young Living的收入大約一萬美元，如果繼續做到現在，至少二、三十萬美元跑不掉，」但她並沒有被這樣的高收入沖昏了頭。

放棄高收入，做有社會影響力的事

儘管不少親友都鼓勵她繼續留在Young Living的體系，繼續做到退休，不要冒險創立公司，但她獨排眾議，想走自己的路。

「我如果在別人體系之下賣精油產品，當時每年可賺一百萬美元，十年就有一千萬美元收入，大約新台幣三億元；但如果我創業開公司，創造的獲利遠遠超過這個數字，但更重要的是能夠實現自己的理念與理想，對社會產生正面的影響，影響到土地、河川、農民、自然農法，而且可以幫助到很多員工、小農及經銷商，那種成就感與喜悅更是不在話下。」

讓她與直銷體系漸行漸遠的，還有一個關鍵原因。那段期間她刻意去了解不同直銷商的產品與制度，結果發現「很多華人的直銷公司，都是做短線，缺乏企業的核心理念，也沒有永續經營的想法，只是在玩制度、利用別人渴望賺錢的心態，不管是直銷商、企業老闆都有很大的問題！」

她看清了一個現象，許多直銷商都是社會上想力爭上游的基層民眾，但直銷只有少數人賺到錢，大多數人只是在買東西，「企業經營的目的不應該只有少數人賺錢，我要做的是大家都能共好的企業。」

「每個人的眼界不同，直銷很好賺，但不管你賺多少錢，終究是直銷商，我要做的是一個永續經營的產業！」詹茹惠坦言，她有幸福的原生家庭，又有相知相惜的老公，其實根本不愁吃穿，但她並未沉浸在這個光環中，決定要成立社會企業，就像農婦、村姑一樣從頭開始。

幸運躲過意外，決心投入創業

二〇一五年一月十九日，詹茹惠開著E280賓士車停在路邊，到車道對面辦事情，回來時赫然發現旁邊工地的鷹架與水泥倒了下來，車子被壓到扭曲變形，還好她幸運躲過一劫。「以前我停完車，習慣在車內打電話聯絡事情，但那天一直有個聲音要我離開車子，沒想到回來就變這樣了，實在不敢想像如果坐在裡面會有多嚴重，」她餘悸猶存地說。

「這是公司給的賓士車，我覺得是一個很重要的訊號（sign），因此決心要離開這個工作。」隔了幾個月，她就卸下公司總經理的重擔，全心投入Blueseeds的創業籌備事宜。

02

一路相挺的貴人

萬事起頭難，創業過程從零到一，每件事情都是考驗。相較於先前的市場調研、產品初期研發、建立架構等過程，自己都能獨立完成，但進入建立團隊與找資金的階段，情況就複雜許多了。

獲前二號員工力挺

一開始招兵買馬時，她先找到在資安公司共事過的資訊管理工程師 Andy，問他有沒有意願一起出來創業，Andy 還沒問要做什麼事情，也沒有問薪水就先答應了，因為他相信詹茹惠有完整規劃與充足執行力，立刻加入成為第一號員工。

後來她又遇到當時在保險業工作的 Tammy，問她想不想一起投入精油產業，並且勾勒出公司的願景，Tammy 對這個產業深感興趣，也認為可以從新老闆身上學到新的知識，就點頭答應了，成為第二號員工。二位員工都從篳路藍縷一直走到現在。

「一號與二號員工一開始都沒有支薪，Tammy 還遠從內壢通勤到台北上班，願意支持我的夢想，」詹茹惠告訴自己，她一定要找到資金，不能辜負他們的期待！

第一筆創業資金入袋

跟一般的創業者一樣，她先從三個 f——創辦人（founder）、家人（family）、朋友（friend）開始募資金，但一開始並不如想像中那麼順利。

當她向先生提起創業的構想，獲得正面的肯定，但提起資金這件事，先生竟一臉嚴肅地告訴她：「妳已經是連續創業家，應該想辦法到外面拿資金，這個計畫如果有人聽得懂，也願意聽的話，應該有機會募到錢；但如果資金只從家裡取得，充其量只是去做一個自己喜歡的工作而已。」

先生還提醒她，「這個題目很大，妳一定會把自己搞得很累，但會不會成功就看妳自己怎麼想，妳的夢想越大，妳就會越成功。」

她把先生的話聽進去了，冷靜下來傾聽自己內心的聲音，究竟想不想為人生再搏一次？她聽到了很明確的聲音：Yes！於是義無反顧地邁出大步。

後來她用這套創業架構與理念，很快就募到第一筆創業資金，投資者不是別人，正是一路最挺她的母親。「我媽很寵我這位長女，她是標準的盲投，不用開口問她就會主動掏錢的那種，」她笑說。

在詹茹惠的生命中，媽媽不只是媽媽，更是她事業上的最大金主及貴人。她跟媽媽提到要創業，先生希望她自己找資金，但她的錢投入在前段的研發與農地就所剩無幾，媽媽二話不說就答應了；媽媽現金不夠，還跟好友牟淑蘭借了一些錢湊給她。

「全世界只要有一個人相信你就夠了，我很幸運有二個，一個是我、一個是媽媽。」詹茹惠說，媽媽願意借錢給我，除了我是她的女兒以外，也因為她相信我的能力，覺得我會做出不一樣的格局，因此願意這樣挺我。

從愛用者變成股東

詹茹惠口中的貴人，除了自己的家人以外，還包括徐翠霞、孟惠霖、袁梅珍、黃世嘉、蘇瑞玫、Sophia、陳俊秀、羅秀英等人，有些原本就是 Blueseeds 的投資人，有些是從客戶變成股東，有些則是先資助後來變成投資。

徐翠霞原本深受掉髮問題所困擾，詹茹惠特別幫她調配了一個護髮配方，她每天洗完澡就塗抹在頭皮，後來頭髮逐漸長出來，從此她對 Blueseeds 產品的神奇力量深信不疑。她不僅在群眾募資影片中證言，後來詹茹惠要募資時，她二話不說就參與投資，是第一階段的投資人。

一路上，詹茹惠還遇到許多一見如故的貴人。有位扶輪社的社友蘇瑞玫，聽完演講後買了洗髮液，回家後使用經驗很好，發現不會掉頭髮，隔天就打電話給詹茹惠，表示要買更多產品，二人約在金華街的社會創新基地辦公室，蘇瑞玫買完產品就問：「妳們公司很不錯，我可以投資嗎？」

詹茹惠好奇問她：「妳為什麼想要投資？」蘇瑞玫回答說：「我看人，我覺得妳這個人會成功，」當時Blueseeds對資金仍有需求，詹茹惠一口就答應了，隔週資金就匯進帳戶。二〇一五到二〇一六年間，類似這樣從愛用者變成投資人的案例其實不勝枚舉。

另外，她也結識了很多基督徒的朋友，包括徐翠霞、羅秀英等人，她們不僅在資金上給予協助，也是她分享心事的好對象，平常會常常為她禱告，給她很大的精神支持力量。

之所以能夠獲得這麼多投資人信任，除了詹茹惠的個人魅力與說服力以外，Blueseeds的產品有足夠底氣也是一大關鍵。詹茹惠笑說，她經常跟投資人說，公司至少要賠五年，且每年要捐出五%營業額投入公益，但投資人都非常認同，「我做的不是產品，而是在實踐一個理念，發展新的農業經濟與訂閱制商業模式，他們願意長期投資，主要是因為認可這個產業價值，因為共好，所以越來越好！」

因設計結緣的投資人

黃世嘉則是二〇一六年底認識、二〇一八年投入資金的投資人。他是北歐櫥窗的創辦人，也是前台灣惠普（HP）董事長、前資策會董事長黃河明的長子，年僅二十六歲就創業，在網路領域創業與投資超過二十年，曾參與過美國、中國大陸、台灣超過五十家新創公司的早期投資。

詹茹惠原本想找厲害的平面設計師，改造Blueseeds的企業識別設計系統，詹益鑑推薦黃世嘉，但當時陰錯陽差沒有約成。有天詹茹惠與社企扶輪社創社社長、曾任安侯建業（KPMG）社會企業服務團隊協理的張洪碩聊天，她提到很想認識黃河明，張洪碩告訴她，二〇一六年八月底，正巧台灣尤努斯基金會在二〇一六年八月主辦第一屆「社會型企業東亞年會」，黃河明也名列貴賓名單，活動現場應該有機會碰到面。

在社企界難得一見的盛會現場，詹茹惠終於見到了過去在科技界非常崇拜的偶像之一，她開玩笑跟黃河明說，之前惠普是電腦與筆電龍頭，用了很多印刷電路板，對地球產生不少汙染，現在應該要為這塊土地盡更多心力，當作是贖罪。」黃河明笑著說，他願意支持 Blueseeds 這樣的品牌，會請黃世嘉跟她聯繫。

十月份黃世嘉回台後，詹茹惠帶他到台東農場參觀，感受到 Blueseeds 的產品價值與理念後，他答應幫忙做設計，找了一位以前建中校刊社社長的創意鬼才，重新改造了 Blueseeds 的 logo 與企業識別。

詹茹惠與黃世嘉因設計而結緣，但二人經常用新創圈的語言對話，二〇一八年黃世嘉主動提出有意投資，後來連同其他十位投資人全都成了 Blueseeds 的股東，這筆資金讓詹茹惠從此沒有後顧之憂，再也不用到處跑銀行或調頭寸。

詹茹惠問黃世嘉為何想要投資？黃世嘉回答說：「我很欣賞妳阿莎力的個性！當初接下品牌設計時，妳一毛錢都沒有砍，表示妳很尊重專業的價值，不會只用價格去衡量。」當然，最重要的是黃世嘉非常認同詹茹惠的價值主張：Blueseeds 是有價值的原料配方農場，配方、農場就是其中的二大核心，只要掌握關鍵性原料與關鍵性製程，就能創造無與倫比的價值。

「創業者一定都有幾位貴人與金主，黃世嘉是我名單中的第一位！」詹茹惠說，他是天使，也是導師，更是我「創業路程中最棒的陪跑員」，有時我可能太累、太懶，但他會沿途幫我配速，任何疑難雜症都能找他幫忙，他不惜講不好聽的話，但這些話往往都是暗黑卻非常有效的，「我不知道他是不是對每個人都這麼好，但我知道他對我特別好！」

「在創業的旅程中，沿路有很多貴人支持，願意買我們的商品、投資公司、借錢周轉，但我也相信是因為我在做對的事情，所以貴人會一再出現！」詹茹惠心有所感地說。

從保險業跨入香氛業

細數 Blueseeds 的團隊，絕大多數都不是農產、香氛相關產業出身，就跟詹茹惠一樣，沒有同產業的經驗，反倒沒有包袱，能夠從其他領域借用相關的思維與架構，更能跳脫窠臼、突破傳統。

詹茹惠挑選員工，很有自己的一套準則，幾乎都是她在與其他公司會談、籌備交流、朋友介紹的過程中，長期觀察而細心抉擇出來的；Tammy 在保險業時展現的細心與耐心，加上業務開發的潛力，受到詹茹惠的欣賞，因此在籌備創業階段就力邀她加入。

從第二號員工到副總經理，Tammy 不僅是詹茹惠的重要左右手，也是一路看著 Blueseeds 成長茁壯的見證者。「當我再遇到一開始跟我接觸的人，透過他們的描述，我才驀然發現，原來我已經成長這麼多了！」對她來說，這不僅是一份足以溫飽的工作，更是開展人生視野的珍貴歷練。

回想起與詹茹惠初次相遇的場景，當時 Tammy 只知道她是總經理，是很大的客戶，就是靜靜跟著主管聽詹茹惠聊她的豐富歷練與有趣想法。那時候的詹茹惠還沒成立 Blueseeds，但後來在她介紹創業概念之後，憑著本身對香氛產品的興趣，以及對相關理念的認同，Tammy 毅然決然加入她的行列，「我希望在她的提點教導下，能夠學習人脈、行銷與經營等更多東西。」

Tammy 過去長期擔任特助、祕書的工作，對於聯絡、做簡報等工作相當熟悉，但進入香氛業，不僅產業知識大不相同，要掌握的工作技能範圍也更為廣泛，儘管詹茹惠毫不保留地分享在電子業的管理經驗與做事方法，她在積極學習的同時，仍深恐自己會跟不上。

為了讓她快速進入狀況，詹茹惠每個禮拜都會安排一天親自授課，教導有關公司經營、精油銷售、商業分析等知識。除了上課之外，也交付許多任務要完成，Tammy 苦笑說，上課時必須相當專注、完全吸收，「其實真的還滿硬的，因為每次的資訊量都很多，而且全部都要背起來，同時還要邊做邊學，有時學習表現欠佳，創辦人也會直接批評，那時候壓力很大，而且充滿挫折。」

所幸，Tammy 經過不斷努力而漸入佳境，終於通過詹茹惠的考驗，某天在上課時，詹茹惠正式邀請她加入 Blueseeds 的創業計畫，Tammy 知道自己已經完成畢業考，準備迎接籌備創業的另一個考驗。

培養「茹」魚得水的默契

身為創始元老，Tammy 至今在 Blueseeds 待了超過八年，一路從經理被拔擢為副總經理，她自謙自己的專業與管理仍有許多要學習之處，但她也深知自己的優勢：因為長期與女性主管共事，對於老闆的個性有種神奇的感應，大概可以了解她們在想什麼、有什麼需要。她總能在第一時間掌握詹茹惠的心中所想，竭盡所能完成工作，詹茹惠也日益看重Tammy，賦予她越來越多的權責。

Tammy的家遠在桃園，與台北來往的通勤難免不便，何況當時經常需要在全台各地擺攤、宣傳品牌，在草創時期，還常常會有薪水發不出來的時候，對於公司資金拮据的問題，Tammy也給予很大的寬容，「有時從老闆的情緒，就可判斷公司業績不好，或者又發不出薪水，但我知道創業維艱，也知道老闆壓力很大。」

在Tammy的眼中，詹茹惠的個性很直接，但她經常有些令人感動的小舉動。在扶輪社擺攤遇到大雨滂沱，大家都留下來買產品，結果銷售一空，詹茹惠在臨走時，偷偷將幾百元塞給Tammy，說要補助她的車馬費。

詹茹惠也會在晚上六、七點的下班時刻，讓懷孕的Tammy坐上她的車，特別載她去車站搭火車。夜晚的台北，霓虹燈在車窗玻璃的霧氣上暈開斑斕的燈光，詹茹惠開著車，向

Tammy 訴說公司的困難，儘管只是簡單的幾句話，Tammy 都聽得出她話中的抱歉與感謝。

因為從創業初期就參與至今，Tammy 與 Andy 特別能夠理解公司早期資金拮据的狀況，仍舊抱持能省則省、盡量不委外的原則，儘管現在公司營運狀況步上軌道，但有時新進員工提出預算過高的行銷計畫時，他們還是會嚴格把關，並給予適當的機會教育。

懷孕二次，想回歸安穩生活

儘管全心投入，但 Tammy 也有過退出團隊的念頭。懷孕生子是每個女人生命中的重要轉捩點，她在 Blueseeds 最艱難，以及開始快速成長的時刻，都曾面臨事業與家庭蠟燭兩頭燒的難題。

Tammy 來到 Blueseeds 三個月後，老天給了她意料之外的禮物——她懷了第一胎。那時她挺著肚子，仍經常一個人搬貨、載貨、到處擺攤，她每天都想著要多休息，但因為責任感使然還是忙到筋疲力盡，原本想說預產期前一週要開始休息，結果還是一路工作到臨盆前一天。

儘管已有產兆顯現，Tammy 已經做好生產準備，但她還是一心想著要把工作事務趕緊交接，到了凌晨開始陣痛、收縮時，她還是掛心著公司的事情，心想隔天如果身體狀況正常，依然可以到公司處理相關事宜。

當媽媽之後，Tammy 希望將重心回歸家庭，尤其在生下第二胎之後，這種想法更是強烈，她坦言，「剛進來公司時還沒懷孕，三十歲出頭希望可以衝一下事業，但有了二個小孩後，只想要讓小孩在成長過程中有更多陪伴。」

第二胎做完月子，Tammy 回到公司工作了七、八個月之後，便決定要休育嬰假好好修養身心，同時沉澱一下自己，詹茹惠不僅體諒她，還在她回歸崗位後，主動幫她升職加薪，充分展現詹茹惠對於 Tammy 的高度信任。

Tammy 擔任副總經理職位後，詹茹惠賦予她更多責任，她也學會用不同視角去看事情，「以前站在自己的角度去看整個公司，現在則比較會用老闆、管理者的角度，看到的視野截然不同！」

從小農的回饋看見公司的價值

究竟是什麼樣的力量，讓她願意留在 Blueseeds 與香氛產業？關鍵在於看到公司的價值。在創業初期，Tammy 時常跟詹茹惠一起走訪苗栗與台東的農場，與小農討論契作，並確保原料的品質，經常會在不經意之中聽到農友的心聲，有次有位小農說：「如果沒有詹姊，就沒有現在的我、我們就做不起來，我們現在所擁有的這塊田，根本不會存在。」

當下 Tammy 深受感動，原來自己、Blueseeds 所做的事是正確、有意義，且能為他人帶來力量，「如果我是當一般的上班族，不可能經歷到這些人事物，也沒有機會為土地或環境貢獻一己之力。」

大開眼界的奇幻旅程

儘管 Tammy 還在努力拿捏工作與家庭之間的平衡，但她對於在 Blueseeds 參與的每一個過程都充滿感激，強調自己真的開了眼界，不僅是因為從步調較慢的桃園到競爭激烈的台北，更因為 Blueseeds 而接觸到許多厲害的大人物。

有時詹茹惠會讓 Tammy 代表公司參與一些重要會議，印象最深刻的一次，是臨時被通知要去拜訪前中華開發董事長張家祝，當 Tammy 趕到中華開發總部的樓上，打開會議室大門的那刻，就被裡頭的氣氛震懾住了。

「我從來沒親眼看過那麼古典、壯觀的會議室，就像總統開會一樣，有個很大的 U 字桌，椅子很寬很低，還有二個大櫥櫃。」雖然有種「劉姥姥進大觀園」的新鮮感，但她不忘展現專業、從容完成這次會議。

這次經驗讓 Tammy 體悟到，「在 Blueseeds，我不再是角落裡的小螺絲釘，而是能展現自己、創造更多價值的角色。」而這些經驗一點一滴累積起來，讓她逐漸培養出更多自信，不僅要繼續扮演詹茹惠的得力助手，也要成為 Blueseeds 進一步發揮社會影響力的重要推手。

尋找每一盞可能的聚光燈

從外界的眼光看來，詹茹惠有過電子業的成功、經營企業的豐富經驗，Blueseeds能有現在的成績，彷彿是理所當然，其實有許多不足為外人道的艱辛，都由她獨自承受，雖然身為連續創業家，但跨入一個全新的產業，她形容是「把自己像杯子一樣倒空、重來一次，很謙卑地從頭開始。」

Blueseeds與多數新創公司一樣，並非一開始就掌握很豐厚的資源，經常得面臨資金短缺、知名度不足等困難，對她而言，讓品牌得以快速獲得注意、產品能夠銷售的最佳方法，莫過於理念的傳播。因此，她靠著自己的口才與毅力，踏上了上千場演講的征途。

親友團的中秋檔期

時間回到二〇一五年的中秋節，那時公司尚未成立，詹茹惠準備了不到十種的產品，先行讓周邊親友試用回饋，連品牌標籤與包裝都是急就章就上路，沒想到初試啼聲，居然吸引來不錯的買氣，共有三十幾萬元入帳，這讓詹茹惠相信：這樣的產品應有一定的市場接受度。

但產品不能只賣給自己人，一定要想辦法跨出去。為了找到更多舞台可以推展產品，詹茹惠放下身段，拋開電子業的光環，到處拜託爭取演講擺攤的機會；雖然一開始經常收到婉拒的回覆，但千里之行，始於足下，憑著樂觀的性格不斷敲門，加上聽過的人認同理念、口碑相傳，後來就有越來越多人主動邀請。

從公部門到企業，從公益社團到新創活動，不管場子人多人少，不管是平日假日，都看得到她的身影；有時同一天三個場子，她還會跟 Tammy、Andy 分工，一個都不放棄。

其中最深刻的一次經驗，莫過於某次經濟部中小企業處委託 KPMG 在台中舉辦的 pitch 活動，因原本要出席的某品牌臨時不能赴約，主辦單位聯絡詹茹惠，問她是否有意願頂替參加，遠在北部的詹茹惠不假思索一口答應，火速收拾行李南下趕往現場，充分展現她的機動性與企圖心，也就在當時遇見時任全家便利商店商品部部長。

不孤獨的擺攤旅程

詹茹惠回憶那段時光，多半都是形單影隻與一卡皮箱，在台灣各地奔波的畫面。不過幸運的是，這段旅程並不孤單。

二〇一八年母親節當天，她在台中新光三越演講結束後，在車站與母親、弟弟告別。母親摸摸詹茹惠的臉說：「妳早上從台北空總社創中心演講之後趕下來，現在又要從台中回去，五十歲了，還要這麼努力嗎？」她輕輕握上母親的手，點點頭，心中卻是波濤洶湧、難以平復。

憶起這段過往，詹茹惠露出欣慰的神色，「她知道我在做我喜歡的事，所以不問我累不累，只叮嚀我要適當安排休息時間。」而做喜歡的事、做有興趣的事，就不會累，似乎便是母女之間的小小默契，雖然掛心，但不會擔心。

她經常接觸到有情緒問題的朋友，一部分與原生家庭的關係不好有關，因此她特別珍惜自己出生在一個非常幸福的家庭。「我的母親很有智慧，也善於表達與溝通」，她記得小時候全家都會在週末時一起出遊，中午到台中遠東百貨用餐，下午再去台中公園逛逛，前往媽媽前工作的東家聯福麵包店，而這樣的互動模式，現在也套用到自己的家庭中。

「盡孝道其實不難，就是關懷二個字而已。」詹茹惠即使再忙，她每天都會盡量利用上班或下班的路程，花上半個小時與母親通電話，那段時間是不受外界干擾、屬於母女的閒聊時光，「我們每週都會通話三到五次，分享彼此的生活與狀態。」

不僅有母親當永遠的後盾，二位女兒的陪伴也是她的重要支持力量。當時，除了同事的從旁協助外，二個女兒也熱情參與 Blueseeds 的大小事務，每回有市集擺攤活動，女兒們的么喝聲，便是現場最清亮的鳴響，小女兒蘋蘋甚至還代表學校採訪 Blueseeds，把媽媽的經營理念與創業故事鉅細靡遺帶回到學校。

看到照片裡，女兒們奮力兜售與扶輪社合作的公益產品「福氣包」、介紹 Blueseeds 的模樣，詹茹惠不禁又陷入在回憶中。令她最開心的是，二位女兒從小耳濡目染，看到 Blueseeds 推廣善的理念，也一起參與各種社會公益活動，未來一定也會將這樣的善念傳遞下去。

自帶聚光燈的人

「我就像個老師一樣，不斷傳播自己的主張與知識，而不僅是銷售產品。」詹茹惠抱持這樣的想法，把握每一場上台機會，累積迄今演講場次已經超過一千多場，而且還在不斷增加當中。

不僅是面對眾人的演講場合，即便對象只有一、二個人，找個飯店大廳的沙發區、吵雜咖啡廳的角落，或者是在行進間的一通電話，她都不放棄每一個闡述理念的機會，因為她心中牢牢記住補教名師劉毅的話，「當我決定要教英文的時候，即便只有一個學生，我也會教下去，只要有機會把他教到最好。」

她自承會被劉毅那番話吸引，或許便是因為自己喜歡老師這個身分，也認為傳遞理念，就跟老師教導知識的原理如出一轍。詹茹惠表示，你不知道未來那個學生會怎麼幫你，他學到的東西會擴大成什麼樣子，只要相信自己走的是正確的路，也希望這份理念能夠幫助對方，所以創造出的對話與連結，點點滴滴都會累積成無可計量的力量。

隨時隨地都是專屬舞台

「別人一直苦無舞台，我是自帶聚光燈（spotlight）的女人，我在哪裡，哪裡就是舞台！」詹茹惠自信地說。儘管空間再簡陋、人數再少、時間多臨時，她永遠都準備好要上台。

猶記得還在資安公司工作時，有次她匆匆趕往論壇活動現場，主持人發現她遲到，故意臨時請她上台致詞，她毫無準備，但一站到舞台上，拿起麥克風，就能行雲流水般完整分享產業趨勢與獨到見地，贏得滿堂采，也讓主持人瞠目結舌。

隨著 Blueseeds 的營運版圖擴大，詹茹惠的足跡除了全台各地，更遍布海外。有時人還在辦公室，一則通知告知待會的活動有幾分鐘可以撥給她，她絕對會一口答應，「我隨時隨地準備好要 pitch！我有三分鐘、五分鐘、十分鐘的版本，而且完全不用投影片。」

對她來說，簡報不過是背景板，重要的是胸懷多少墨水，已經內化成生活的一部分，一上場不管遇到怎樣的題目都要能應對，講出來的話要能打動人心，「你是創業家，就要有隨時拿起麥克風的能力，不管三十個人、五十個人或一百個人，都沒什麼好怕的！」

詹茹惠與麥克風、舞台的關係，就像如魚得水，她笑說，若想守住自己的荷包，最好不要遇到她。有次參加扶輪社的社會企業論壇，演講結束時，外面正巧下著傾盆大雨，所有人被迫留在場內，剛好有機會仔細逛逛 Blueseeds 的攤位，聽她解釋理念、體驗產品，這場雨無疑是一場「及時雨」，當天在 Tammy 與蓮蓮的協助下，創造出十二萬的銷售額，而且許多產品供不應求，必須在會後再補給社友。

二〇一六年，正是 Blueseeds 剛起步的階段，不管是演講論壇引發的廣泛迴響，或者產品的銷售數字與正向回饋，都讓詹茹惠對自己投入的產業更具信心，也堅信這是條能夠對社會及環境創造雙贏局面的康莊大道。

03

那些年遇到的逆風

詹茹惠人生下半場的創業之旅，一路上遇到許多貴人，一起經歷美好的風景，但也難免遇到逆風，但她總是樂觀以對，「不管對我好的、不好的，我都一〇〇%接受，所有苦頭我都會記在心頭，有一天你會看見我們公司有多偉大！」

擺脫社會企業的悲情

Blueseeds早期曾進駐公部門提供給社會企業使用的共享辦公室，但後來要繼續申請時，部分長官認為資源應該留給比較可憐、悲情的單位，而詹茹惠已是連續創業家，不該來爭取社會企業的資源，就把她拒於門外。

「我做的本來就是社會企業，而且我是重新創業、無中生有，並不是裝窮，實際上經費相當拮据，也會想辦法能省就省，卻遭遇這樣的對待，」詹茹惠心有不甘地說。

一直以來，Blueseeds 在爭取公部門的資源時，一直深受這個困擾，許多人對社會企業的刻板印象，還停留在過去的公益團體或慈善機構，甚至錯誤認定社會企業不應該有太多營利色彩；另有一部分人則是擔心資源排擠，因此想盡辦法把新進者貼上標籤，確保自己的既得利益不受影響。

詹茹惠義憤填膺地說：「輔導單位希望支持更多小型的社會企業，但台灣也應該要有更多國際化、有競爭力的社會企業，這樣才能汰弱留強。」

社會公益就是最好的生意

「我們的出發點很單純，就是希望能夠做出對土地友善、讓身體更健康、讓許多農民有收入的無毒產品，並且透過企業的力量，打造新時代的台灣品牌，」詹茹惠強調，我們從誕生的第一天開始，從頭到腳都充滿了「社會企業」的基因，這種基因不是外來的，是從我們在日常生活中的實踐、自自然然出現的。

儘管受到部分人士打壓，但她還是深信，社會公益就是最好的生意，而她體悟到，「不管有多麼艱難，不管有多少挑戰，只要我們做的是好事，就會有很多好友突然出現來幫助我，讓我更義無反顧走下去。」

事實上，過去擔任行政院政務委員、現任數位發展部部長的唐鳳，以及過去擔任經濟部中小企業處副處長、現任數位產業署副署長胡貝蒂，就對社會企業抱持截然不同的看法，認為社會企業應該要展現商業營運能力及新創精神，也認同Blueseeds的賦原經濟與ESG理念（E指環境保護，S指社會責任，G代表公司治理），認可是台灣社企圈的標竿企業之一，只要是記者會與重要活動都會盡力前來站台表達支持，讓詹茹惠銘感五內。

調頭寸、跑銀行的日子

Blueseeds 創業初期，因為要預付款項給契作農與工廠，且當時業績還沒上軌道，詹茹惠一直處於借錢、付錢、再借錢的無盡迴圈，由於公司才剛起步，又屬於社會企業，根本沒有銀行願意借錢。

在資金周轉遇到問題時，她經常跟金主、親友調頭寸，甚至連女兒都是她的借錢對象，有時薪水發不出來，就先跟員工說聲抱歉，等到客戶款項入帳，再湊錢付給員工，還好員工都能體會創業維艱，願意陪著老闆慘澹度日。

好幾次她打電話湊錢，湊到最後一刻，金額還是不夠，只好請弟弟幫忙，把媽媽的定存解掉幫她周轉。最緊急的一次軋票經驗，眼看銀行就要打烊，她請一位金主到甲銀行領現金，存入乙銀行的帳戶，但抵達乙銀行時鐵門已經拉下，她請行員無論如何都要幫忙開門，否則就要跳票了，最後才驚險過關。

二〇一七年下半年，全家便利商店與 Blueseeds 正式簽約，成立以來最大一筆的幾百萬元訂單入袋，對公司來說當然是一個重要的里程碑，但又得面臨另一個資金周轉的難題。「客戶支付的第一筆款項，我們預付給契作農與工廠都不夠，所以又得先去借錢周轉，應收帳款與應付帳款之間總是在跟時間賽跑。」她苦笑著說。

「當時現金流經常斷裂，到處跟人家借錢，但農田跟工廠一定要顧好，不能沒有錢，所以只能苦自己，要感謝很多貴人幫忙，才能讓公司撐到這個時候。」一直到二〇一八年黃世嘉與幾位天使出手投資，加上營收穩定成長，公司才建立了健康的現金部位，擺脫經常要跑三點半的窘境。

農地施作不當，全部砍掉重練

除了資金的問題，也常遇到人的問題，連天災都來湊一腳，一切不可控的變數接踵而至，在在考驗著她的應變力與韌性。

二〇一五年起，詹茹惠就開始與台東、苗栗等地的契作農合作，但部分農民缺乏對自然農法的正確認知，一開始常有未按標準程序施作的情形，導致需要「砍掉重練」。

她表示，自然農法不能用除草劑除草，因此雜草會跟香草作物一起共生，雜草可以把土壤中的水分含住，而且也有遮光效果，長到一定程度拔掉後就讓它變成養分；但許多農民還是習慣用傳統方式，看到有雜草就會偷偷使用除草劑，只要到農田一看就很明顯，整批都不能用，要重新來過。

農民用錯方式還情有可原，有時遇到刻意欺騙的農民，沒有按照自然農法施作，結果採收的香草都被檢驗出有化學殘留，後來只能斷然停止合作，讓詹茹惠大嘆人心不古。

更有甚者，原本合作的契作農，竟然將 Blueseeds 的經營手法完全複製貼上，用自己的品牌來打對台，Blueseeds 要契作農種什麼，他就跟著種，Blueseeds 設計台東香草田小旅行行程，他也跟著做，這還不打緊，該農場主人還將 Blueseeds 當成假想敵，到處放話中傷，要契作農不要跟 Blueseeds 合作，甚至不准使用台東農場的照片，讓詹茹惠啼笑皆非。

香草田全泡湯，財務雪上加霜

二〇一六年七月，詹茹惠帶著一群貴賓去台東參觀香草田，當時還是晴朗的豔陽天，二天行程結束回到台北，台東卻遭逢四十多年來最強颱風尼伯特侵襲，在十七級強風狂吹、豪雨猛灌之下，整個台東地區陷入汪洋一片，農田面目全非，契作農無法收成香草，自然也影響到所有產品的出貨，公司財務狀況更是雪上加霜。

她硬著頭皮找幾位股東與好友應急，才暫時度過難關，其中最讓她感動的是國泰金控投資長程淑芬，二話不說就匯了五十萬元給她，另一位股東也轉了一百多萬，讓 Blueseeds 這個剛冒出頭的小苗，終究沒有因突如其來的颱風而早夭。

「農業是一個無底洞，是深不見底的坑，要一直往裡面丟，但沒有滿起來的一天。」詹茹惠這麼形容，「我一直投資在農地上，一直找錢、一直丟進去。」Blueseeds 跟契作農合作，多半採取每年簽約的方式，一開始先付一筆費用，接著每個月支付固定的錢，但遇到了颱風這種無法控制的天災，已種植的香草都血本無歸，契作農也無能為力，只能重新來過，等待下一次的收成。

契作農也知道 Blueseeds 的難處，從台北科技業跑到台東改行當青農的李登庸，就主動問詹茹惠，「我沒法給妳香草，但可以先用秋葵、栗子地瓜、枇杷這些作物頂替嗎？」雖然都不是香草，但她還是答應了，她把其中一小部分賣掉，另外一大部分全都送給了股東、客戶與親友。這是屬於 Blueseeds 與契作農、客戶之間獨有的「共體時艱」，也是「患難見真情」的最佳寫照。

農業原本就是看天吃飯的生意，後來每次氣象預報有颱風警報，詹茹惠都會提心吊膽，深怕尼伯特颱風的惡夢再度重演，而這次的事件，也讓她更了解風險控管、經營韌性的重要性，無時無刻都要提醒自己未雨綢繆、有備無患。

儘管逆風不斷，即便把信用卡刷爆、到處借錢，但詹茹惠從來沒有想過要放棄，甚至沒有一絲絲的後悔與掙扎，「遇到紅燈我就轉彎，沒有想太多，因為我喜歡這個產業，我相信自己的選擇沒有錯，總有一天，時機就會來到！」

能屈能伸的游牧人生

南京東路、信義路、金華街、金山南路、天祥路、內湖行善路，詹茹惠細數 Blueseeds 曾經與現在的家，他們就像城市中的游牧者，短短八年內在台北換了八次家，「創業維艱，我們的辦公室有個共通點——都是小小的，但創業就是要有很強的適應性，要能屈能伸。」

Blueseeds 最一開始的辦公室，是她上一段事業的終點，也是新事業的起點。她向原本任職的資安公司，在南京東路租下一間四坪的辦公室，展開自己下一個創業旅程，從一個人開始，招兵買馬、四處洽談，雖然辛苦但甘之如飴，因為那是她嚮往多時的香氛產業。

位於金華街一百四十二號的前行政院長官邸，是全台灣第一個「社會企業共同聚落」，當她發現政府部門有提供免費辦公空間，連忙申請進駐到裡頭。

那時的她，身邊已多了最支持她的三名員工——Andy、Tammy、Edwin，雖然辦公空間非常侷促，扣掉放置貨品的空間所剩無幾，但走出辦公室可以感受到豐沛的創業能量與人脈連結，有許多課程與社群活動可以參加，更可結識不少社會企業與新創團隊。

不過，當她要申請續租時，卻被輔導單位認定是已有相當規模的大公司，被迫要遷離，正當她煩惱下一個落腳處在哪裡時，這時有位貴人出手相助，他就是誠美社會企業負責人陳百棟。

辦公室大到可以辦桌

陳百棟因進駐在社企聚落，在第一次的小組活動中認識詹茹惠，他自承被她清晰的思路、敏捷的行動力與過人的勇氣所吸引，由於 Blueseeds 投入的香草事業與台東的原住民農民契作合作，恰巧與誠美社會企業投入台灣原住民當代藝術推廣的志業相當契合，一個是「復育」土地，一個是「復育」文化工程，雙方的價值觀頗為一致。

陳百棟後來免費開放台北市金山南路上的「金山玖號」大樓，給關心原住民族議題的組織與新創團隊進駐，創造非典型的創新創業聚落，他也力邀詹茹惠進駐其中，結果一口氣撥出一整層一百四十坪的空間，從此團隊不用擠在狹小的空間裡，與貨物爭取立足之地，而且家具、冷氣、設備一應俱全，空間大到她們僅使用一小塊辦公空間就很足夠，還用門簾防止冷氣散掉。

Blueseeds 被趕出四坪大的地方，卻獲得一百四十坪的超大空間，不僅格外珍惜，也決定要善用這個場地。

「有些人苦於沒有舞台，但我自己可以搭舞台！」詹茹惠與其他夥伴利用這裡舉辦各式講座及創意活動，同時充分結合「金山玖號」的原住民藝術展覽，讓這裡成為跨界交流的絕佳場域。

二〇一七年六月的一場飲食文化辦桌活動，室內擺了八桌流水席，公部門、企業界、新創圈、藝術圈的朋友齊聚一堂，傳統與創新迸發，也讓更多人因此認識到 Blueseeds 這個崛起中的農創品牌。

擴大組織團隊，營運卻遇亂流

後來金山玖號要拆遷，Blueseeds 搬到天祥路，承租六十坪的辦公空間，但隨著公司加速發展，團隊持續擴大，為了招攬更多新血加入，同時需要充足的倉儲空間，開始物色更大的辦公室，於是搬到內湖行善路的辦公大樓，租下七樓一整層五百坪大的空間。

寬廣的空間，容納得了許多人，卻包容不起許許多多的想法與爭執，錯誤的決斷、反覆的態度、人際的猜忌，大家的心不像在小小房間時那樣，能有強大的凝聚力。一點一滴累積起來，隙縫破了洞，業績只降不升，詹茹惠常常需要東奔西跑，處理客戶的不滿、整理公司的訂單，不如原先小而精的配置。

在二〇一九至二〇二一年間，由於資金陸續到位，加以營運步上軌道，詹茹惠陸續聘用了幾位在外商快消品產業的資深高階主管，擔任 Blueseeds 的營運長、總經理、執行長等職位，為公司建立基本制度，她自己則將較多時間投入在策略面，不過，她慢慢發現營運績效與原有預期出現不小落差。

詹茹惠分析，外商高階主管多半能言善道，很敢砸行銷預算，一個行銷活動可以花上二、三百萬元，但卻無法把業績帶進來，無法帶著他人一起做，執行的能力很弱，更缺乏新創公司的DNA，導致那二年業績持平，但光是人事、行銷及辦公室的花費就高達千萬，導致公司大幅虧損，「這是創業路程中非常關鍵的學習——選對人最重要。」

臥薪嘗膽，重新站穩腳步

公司擴張計畫最終以失敗收場，隨著這些高階主管相繼離職或被資遣，詹茹惠重回第一線，也靜下來釐清一切，重新盤點、調度人員，再次啟動。進展太快或許容易忽略很多細節，她放慢步調，將事業重新置於習慣的節奏，決心要「臥薪嘗膽」：把費用縮到最低，把人力減到最少，只鎖定特定大客戶。

首先，要解決房租的問題。因為跟房東簽了五年合約還沒到期，她跟房東協商，是否可以搬到比較小的地方，房東一口就答應了，還對她說：「我相信妳們的理念與實力，會有機會再把這個產業發揚光大！」

二〇二一年七月一日，Blueseeds 從五百坪大的一整層辦公室，搬到樓下僅剩六十多坪的空間，一開始許多貨品都塞不進去，幾乎是辦公室跟倉庫共用。二〇二二年因為業績好轉，有放貨需求，又將對面的五十坪空間租下來，後來空間又不夠用，二〇二三年四月搬回樓上，辦公室再擴大為一百八十坪。

其次，要處理人事的問題。為了展現壯士斷腕的決心，她召集所有員工精神喊話，並向大家開誠布公，說明公司只剩多少營運資金，要搬到樓下小辦公室，以及接下來的調整計畫，要離開的人可以離開，但願意留下來打拚的人，她會親自帶著一起做，有信心讓公司振衰起弊；員工也都善意回應，表達會盡力配合的決心。員工人數從最多的二十多人縮減到九人。

「我對 Blueseeds 還是很有信心，這個產業是對的，業界還是很喜歡我們，和契作農的關係很好，庫存也還有，只要找到對的客戶就好。」

搶救業績大作戰

接下來要展開搶救客戶大作戰。二〇二一年十月，原本合作非常緊密的全家便利商店，因Blueseeds前業務主管不夠積極溝通，合作關係已經奄奄一息，過去提案會議前半個月，團隊就開始準備新產品與定價策略，結果該主管竟然在提案會議前二天，才要業務臨時抱佛腳，讓客戶相當不滿，甚至出現從未發生的退貨情況。

原本擔心全家便利商店要淡化跟Blueseeds的合作，但詹茹惠重新接手後趕緊與高層聯繫，提出產業與公司前景簡報，即時修補關係，才讓客戶更了解Blueseeds的核心競爭力，年底又重啟合作，敲定千萬等級的訂單，起死回生。

「我花了半年時間收拾善後，並且趕著做業績，先前堆了太多的庫存，花了很久才整理乾淨。」詹茹惠笑稱自己是以老驥伏櫪的心態重新出馬，所幸天無絕人之路，搬家後連續三個月，都接到大型企業客戶的訂單，營運又站穩腳步。

二〇二一年Blueseeds業績重返成長軌道，二〇二二年更是首度出現獲利，詹茹惠實現諾言，連續二年都幫留下來的員工加薪，而且幅度都遠超過以往。

同樣是女性主管，但績效卻南轅北轍，她認為其中的關鍵在於這些外商主管習於操作消費性商品，偏向C端（個人使用者面向）的思維，且經營的多為中小型客戶，合作很難延續；但她則專注於經營B端（企業）客戶，且可建立長久緊密的關係，業績很容易就反映出來。

走出低潮，迎向陽光

事實上，那段臥薪嘗膽的日子，堪稱詹茹惠創業以來最低潮的時刻。她不斷反思，為什麼我對這些人這麼好，她們卻是用這種方式回報自己？在心情最混亂的時候，她在家中房間隨手拿了女兒的一張空白圖畫紙，在上面用毛筆把所有事情寫下來，如果是正面的事情就標記「正」，負面的事情就標記「負」，總結後發現正的數量比負的多，藉此療癒了自己，決定以坦然的態度繼續走下去。

「我用生命在經營 Blueseeds，卻差點被這些主管搞死，一耽擱就是一、二年，現在回想起來，Blueseeds 好像已經死過一次了！」直到現在，每當她抬起頭看到這張圖畫紙，都會想起那段低潮期，但也藉由上頭的文字提醒自己，要避免同樣的事件發生，並將負能量轉化為動力。

在二〇二一至二〇二二年間，不僅財報繳出好成績單，Blueseeds 也接連拿到 BAC 金舶獎「ESG 管理績效獎」、B 型企業 Best For The World「對世界最好獎」、TSAA 台灣永續行動獎等多項獎項，「但沒有人知道我們已經死過一次，扒了一層皮了。」她笑說。

經歷過這麼多人性的黑暗面，但詹茹惠並未因為這些人改變自己的人生觀，她還是抱持人性本善的信念。「找到志同道合的夥伴，才是能一起打拚事業的戰友，」她審視先前跌跌撞撞的過程，似乎更能理解管理上的輕重緩急了，這堂課雖然代價不小，但眼前的路似乎也變得更加清晰。

加拿大啟示錄

早期在科技業任職時，詹茹惠就很習慣在海外開疆拓土，所以 Blueseeds 從創立的第一天起，就不只侷限於國內市場，只要在熟悉的台灣站穩腳步，海外市場就看何時因緣具足。二〇一八年一月，透過股東 Teresa 牽線，Blueseeds 正式設立海外首個據點，落腳於加拿大溫哥華，這時的 Blueseeds 創立剛滿二年。

從愛用者變成股東，後來擔任加拿大分公司負責人的 Teresa，無疑是 Blueseeds 進軍加拿大市場的關鍵推手。她使用過 Blueseeds 的產品後，起初只是分享給身邊的朋友們，經過不少友人的口耳相傳，讓 Blueseeds 的名氣逐漸在當地擴散，特別是深受金字塔頂端的消費者喜愛，她與詹茹惠多次討論，認為當地市場應該大有可為。

在籌備期間，團隊先做了不少在地化的研究分析。Teresa 表示，加拿大水質較硬，頭髮容易產生乾枯、打結、斷髮等問題，所以當地居民對於洗沐用品的品質相當看重，加上政府大力推廣環保概念，大多數使用者都會仔細檢視分析是否為天然成分才會購買，很適合 Blueseeds 這類一〇〇%天然洗沐用品。

詹茹惠與 Teresa 還在當地舉行了多場的演講與體驗會，專心聆聽並分析不同消費客群的體驗心得，其中也包含了醫師、老師、律師、芳療師的建議，作為產品開發與市場推廣的參考。

事實上，加拿大政府近年來一直推廣永續理念的環保品牌，當地有機產品的銷售量也不斷提升。而消費者在實際使用過 Blueseeds 的產品後，對於溫潤的香氣、使用的親和性、相關效果普遍給予正向與熱切的回應，同時也高度認可 Blueseeds 對產品天然成分與品質的堅持，以及在種植生產過程中友善土地的價值，都讓團隊信心大增。

開幕不到一年認賠退場

二〇一九年年中，詹茹惠與 Teresa 選定了溫哥華最黃金的四十一街地段，頂下一間七十多坪的 spa 店，改造成 Blueseeds 的產品體驗館。交辦好各式營業執照、移民律師就位待命、產品也陸續上架後，明亮又氣派的體驗館即將迎接開幕的日子。

這家體驗館不僅展示各種 Blueseeds 產品，還設有三溫暖、spa、洗衣間、沐浴室，詹茹惠形容，在最熱鬧的街道，有著最頂級的體驗，當香氛瀰漫在人來人往的四十一街，期待這家體驗館能夠逐漸成為當地貴婦與小資女的愛店。

然而好景不常。二〇一九年年底到二〇二〇年年初，新冠肺炎（COVID-19）的疫情迅速蔓延到了世界各地，溫哥華也無法置身事外。詹茹惠在二〇二〇年二、三月再訪加拿大時，便跟 Tesera 討論當地疫情對消費市場的衝擊，便當機立斷決定關掉店面、撤資回台。

之所以會有如此快速的決策，是因為她經歷過可怕的 SARS 疫情，自然也清楚這次新冠肺炎的衝擊非同小可。當時疫情剛侵襲加拿大，政府呼籲居民不要任意出門，街上空無一人，商店門可羅雀，SARS 僅有短短半年即造成嚴重損失，新冠疫情更難預測，如果時間拉得更長，造成人潮與消費力道的流失可想而知。

從二〇一九年七月交割店面，當年底開始營運，隔年三月收攤，Blueseeds 體驗館僅僅開張了三個月。

「店鋪設置到位大概花了六、七百萬元，之後再花一百多萬元把它關掉，總共投入八百萬元，是最大的一筆投資失敗，這還是扣掉銷貨利潤後的結果；四、五百萬越洋運過去的商品，最終只能挑選一些帶回。」

甫開幕的體驗館、全新的裝潢在短短時間便黯然落幕，詹茹惠回憶這段過往時，神情卻相當淡定，她強調自己自始至終沒有任何一點猶豫，這段奔走加拿大的點點滴滴，就像是一段驚險有趣的旅程，而不是一場太快完結的夢。

「經過三年疫情，我們不但活了下來，而且活得還不錯，」詹茹惠欣慰地說，即使遇到一些逆境，遇到不對的人，遇到海外投資失利，但我們還是堅持實踐ＥＳＧ的原則，不管賺不賺錢，都持續投入公益與慈善工作，「因為這是我的使命、我的初心、我的理念。」

對於 Blueseeds 來說，疫情打亂了海外布局的節奏，還好在台灣已經站穩腳步，儲備在海外市場再起的能量；過去在電子業就習慣打國際盃的詹茹惠，一直對海外市場有著高度期待，她很有信心，未來如果有台灣孕育出來的國際級香氛品牌，Blueseeds 一定是其

04

在心田種下的藍色種子

「為什麼是藍色，不是綠色？」詹茹惠在各種場合，都很常遇到這樣的好奇詢問。

構思多時的中文名稱

說起品牌命名的由來，詹茹惠早在二〇一三年就構思了英文名字 Blueseeds，最早時是二個單字 Blue Seeds 分開。因為想要做的是純淨無毒的產品，所以就向自然取經，其中藍色（blue）取自天空與海洋，象徵大自然的純淨與力量，種子（seeds）意味著在香草田種下純淨天然的藍色種子，Blueseeds 簡單而清楚傳達出這個新創品牌的理想與目標。

「我們追求純淨，純淨就是沒有顏色，其實水在海裡面是因為反光才成了藍色」，詹茹惠說，Blueseeds 不假外求、芬芳自來。

雖然英文品牌 Blueseeds 早就出現，但她始終沒有想到適當的中文名字，因此也一直沒有在台灣做公司登記，暫時先用境外公司的方式運作。一直到二〇一五年準備啟動群眾募資計畫，必須在台灣登記公司，她在最後一刻絞盡腦汁構思中文名字——芙就是香草，彤就是馬披著彩衣，園就是一個固定的地方，「一個屬馬的女生，在一個專長的領域，做香草的事情，」芙彤園這個中文名字於焉誕生。

「我有一種直覺，沒有想到好的名字就不登記，就覺得時機還沒到。」二〇一六年一月十一日芙彤園正式登記成立，許多有宗教信仰的好友跟她說：一跟十一都是幸運數字，代表神給的祝福，讓詹茹惠倍覺有種福至心靈的力量。

創造善的循環

二〇一六年這年，剛好也是詹茹惠邁入「知天命」的年歲，她懷著溫柔且堅定的雄心，高舉 Blueseeds 的大旗，正式發起「藍色種子」革命，提出「為自然，堅持零」（Back to Zero - Keep It Natural）的主張，打造保護環境、改善生活的天然農創香草產業，希望創造土地、人、產品之間「善的循環」。

歷經這麼多年的醞釀與試煉，詹茹惠早已在腦海中勾勒出 Blueseeds 完整的品牌圖像：Blueseeds 的品牌個性是真誠、善良、熱情又有感染力，價值主張則是自信、自然、善的循環，而透過優質成分、友善環境、社會公益的具體作為，提供〇%人工化學添加、一〇〇%天然純淨的精油香氛與洗沐用品，讓人類享受純淨生活，世界也能更美好。（請見表 4-1）

不僅如此，她更期待注入自己在科技界的專業知識與養分，用系統化、流程化、節奏化、品管化等方式，打造一條龍的農創產業，讓傳統農業脫胎換骨；一旦 Blueseeds 能夠透過適當的產品定位、通路策略、廣告行銷、生活品味來塑造品牌價值，不斷提高採購力，農作物的價值才能被提取兌現，投入自然農法的新農民才能有足夠的利潤與誘因堅持下去。

表 4-1　Blueseeds 的品牌世界

願景（Brand Vision）	如果每個人都能享受 0% 人工化學添加、100% 天然純淨的生活，世界會更美好		
使命（Brand Mission）	致力開發全天然、友善環境的精油香氛與洗沐用品，讓人類享受純淨美好生活		
作為（Brand Action）	社會貢獻 - 原民契作 - 公益回饋	友善環境 - 自然農法 - 全天然產製	優質產品 - 0% 人工化學添加 - 獨特香氛體驗
價值（Values）	善的循環	堅持自然	踏實有自信
個性（Personality）	熱情有感染力	善良無害	真誠坦蕩

「我萃取的是古法，做最天然、最原始的農法。因為我覺得人性要回到，社會那麼進步、那麼文明之前，那份最純粹的善良。」詹茹惠感性地說。如果說科技界追求的是理性效率，那麼農創香氛產業可以具備更多人文關懷，她希望 Blueseeds 除了對人與環境友善之外，也能對社會注入正面的力量，尤其是從最生活周遭與日常開始推動善的循環，將能匯聚成一股驚人的能量。

大地之女主視覺

對 Blueseeds 來說，二〇一六年不僅是品牌誕生元年，也是大豐收的一年，「一畝香草田」的募資計畫達標，與全家便利商店開啟聯名商品合作，各單位的邀請如雪片般飛來，在能見度逐漸攀高的同時，詹茹惠思索著：是該重新打理品牌的時候了。

透過黃世嘉的引薦，詹茹惠找到時任夢想何不投資公司台灣合夥人的品牌專家才子操刀，費時三個多月進行品牌再造工程。該專家為了更了解 Blueseeds 的品牌精神與產品特性，特別親身使用洗髮露、沐浴液等相關產品，也嘗試各種單方與複方精油，結果整個體驗令他十分驚訝，「原來台灣也有這麼優秀的純植物萃取產品，品質不輸歐洲的高檔品牌！」

在隨後的一個月中，詹茹惠與才子設計師透過密集的工作會議，針對 Blueseeds 的品牌定位、目標族群與市場、視覺設計、產品開發、配方等一一討論聚焦，相關的品牌傳播與形象設計都得做相對應的變革，有許多東西更必須打掉重練。

首先，設計師將原本的 Blue Seeds 合併成單一的 Blueseeds，從二千多種字型中挑選，最後擇定由北歐設計公司製作的字型當作標準字，接著最重要的是設計一個可以展現品牌形象的主視覺了；在有次討論中，詹茹惠提出希望不同國家的人一看到 Blueseeds 時，就能感覺兼具亞洲血統及歐洲文化薰陶，於是設計師著手設計「大地之女」，在嘗試過三十多種不同的草稿後，終於拍板定案。

「大地之女」的臉譜是一位台灣原住民女性，象徵 Blueseeds 是發源自台灣、來自土地的品牌，這位女性的頭髮上可以看見原住民常見的小米稻穗與百合花裝飾，另外還有歐洲常見的月桂冠葉頭飾，凸顯亞洲血統與歐洲文化的交融風格，脖子則有簡化版的原住民玉石串珠首飾物，保有屬於台灣醒目的文化特色。

二〇一七年四月，Blueseeds 正式以全新的品牌面貌問世。

「為了讓台灣品牌走向國際化，設計與商務必須兩條腿走路！」設計師表示，Blueseeds 的夢想是走到海外，要讓亞洲、歐洲、北美等不同國家的人，都能看見且認同這樣的台灣品牌，在設計方面無疑是很大的挑戰；我們透過「大地之女」這樣的途徑，希望傳達時尚精緻的原住民文化特色，同時讓紐約、倫敦、東京與巴黎的消費者也能很快接受並且認可，即便放在眾多知名國際品牌中也能被看見。

儘管後來因為品牌視覺的調整，產品包裝上較少出現「大地之女」，更常看到的是Blueseeds標準字，但諸如土地、原住民、台灣血統、歐洲文化、國際市場等元素，至今都還是Blueseeds的核心品牌精神，也一直深植在Blueseeds的企業文化中。

迎來第一個東風

「萬事俱備、只欠東風，而全家便利商店就是Blueseeds的第一個東風！」說起與全家便利商店的結緣，詹茹惠至今都還覺得彷彿是老天在冥冥中牽線。

Blueseeds在進駐社企聚落後，經常受邀參加各單位舉辦的媒合會。二〇一六年七月，經濟部中小企業處社會企業輔導專案由安侯建業聯合會計師事務所與工研院在台灣各地舉辦媒合會，剛好台中場有人臨時缺席，主辦單位詢問詹茹惠是否有意替補參加？她一口就答應了，也顧不了當天是週日，她與芳療師兼助理二人拉個行李箱，就從台北搭高鐵趕赴台中。

現場每家企業都只有短短十分鐘的 pitch 時間，會後時任全家便利商店商品部部長吳雅卿，徐步走到 Blueseeds 的攤位，詹茹惠並不知道她的來歷，以一貫的熱情口吻介紹了十分鐘，吳雅卿部長體驗產品後沒說什麼，只說會請同事與詹茹惠聯絡，雙方相約八月份開會，分享彼此的理念與可能的合作模式。

全家便利商店從市場趨勢發現，洗沐用品每天與肌膚接觸頻繁，近幾年消費者日益重視天然、有機的成分，市場上對 Blueseeds 這類產品應有一定的接受度；但產品上架最現實的考驗是消費者埋不埋單的問題，有時社企產品的品質雖好，卻難以與市場機制緊密地接軌，甚至可能發生產銷失控的情況。因此雙方在敲定合作的過程中，花了很多時間在確認產品規格與品項、首次到店備貨量、供貨穩定度等細節，最後才是討論議價。

雙方相談甚歡，全家便利商店方面希望在十月就上架，但詹茹惠擔心生產作業不及，為了保險起見，硬是將時間往後延一個月，雙方達成共識在十一月出貨；全家便利商店一口氣就下了幾百萬的訂單，這也是 Blueseeds 成立以來接獲最大的一筆訂單。

不放棄任何機會

現在回想起來，詹茹惠感恩老天，但另一方面也感謝自己，畢竟機會是留給準備好的人。要不是先前把農地、產品、生產作業這些環節都已搞定，否則即使出現全家便利商店這個大客戶，也不可能完成使命、順利供貨；要不是一直抱持不放棄任何機會的信念，也不會撿到一次 pitch 的機會，才因此與全家便利商店搭上線。

事實上，當時詹茹惠原本希望能參加台北場媒合會，現場有家樂福、中華電信等重要買家，但因為過於熱門，報名廠家已經額滿。她當下立刻告訴主辦單位，後續如果在台中、高雄、新竹、台南等場次，只要有名額一定要通知她，所以才臨時去了台中場。

「我根本不知道會遇到誰，也不知道台中場會有哪些買家，後來全家便利商店選到 Blueseeds 的時候，就覺得上天有看到我們的努力。」她有感而發地說。

「對 Blueseeds 來說，與全家便利商店的合作有著非比尋常的定錨意義。」詹茹惠強調，這麼大的一家企業，願意選擇一家規模小小、才剛起步的社會企業，證明他們很有眼光，也真的在落實企業社會責任（CSR），迄今 Blueseeds 一直都是全家便利商店重要的 ESG 策略夥伴。

社創中心的記者會

為了記錄 Blueseeds 的重要里程碑，詹茹惠從產品設計、生產、包裝到運送，一路都有完整拍照紀錄，當全家便利商店的貨品在台東工廠要出貨時，還請來許多當地原住民協助包裝上車。

「這台車裡面價值四、五百萬元，這就是綠金產業，如果是傳統農業，裝滿香蕉、鳳梨頂多一、二十萬元，」詹茹惠欣慰地說，我真的證明了自己可以打造新的農創產業，提升了農業的產值與價值。

事實上，在政府積極輔導的社會企業中，Blueseeds 是第一家以本地香草從栽植到製作全程零化學添加所打造的純天然洗沐用品品牌，因此能受到全家便利商店商品團隊青睞，以社企之姿打進大規模連鎖通路，也是全家便利商店繼鮮乳坊之後，第二家合作的社會企業。

由於 Blueseeds 的成長、全家便利商店的支持，對台灣社企圈有很大的示範與鼓勵作用，在時任政務委員的唐鳳首肯下，二〇一七年十一月十五日，Blueseeds 與全家便利商店選擇在位於台北空總的社創中心舉辦記者會，這也是社創中心在空總成立之後的首場記者會。

當天共有二百多位媒體與貴賓參加，現場冠蓋雲集，包括唐鳳、時任經濟部中小企業處副處長胡貝蒂、誠美社會企業董事長陳百棟等人都上台致詞，Blueseeds 所有團隊、股東與一路支持的好朋友幾乎全員到齊，許多夥伴看到 Blueseeds 在短短不到二年就能有如此的成績，都感動到熱淚盈眶；唐鳳也示範以行動支付購買 Blueseeds 商品，希望藉此拋磚引玉，帶動更多民眾支持社會企業的理念。

促銷活動的最佳練兵場

Blueseeds 與全家便利商店首批聯名合作的商品，包括薄荷茶樹全身潔淨露、尤加利葉茶樹薄荷洗髮露、薰衣草洋甘菊沐浴露、尤加利葉薄荷潔牙膏、薄荷防護膏、奇妙草本精油膏等產品，都是針對便利商店的消費習慣量身打造，售價相對親民，落在一百五十至三百元，在全家便利商店當時三千七百二十家分店上架後，獲得不錯的市場迴響，即便與一般大型品牌商品相比，迴轉率表現都有中上水準，也幫全家便利商店成功帶進醫師、護理師、芳療師等新的客戶族群，雙方對後續的合作更具信心。

Blueseeds 與全家便利商店的合作日益緊密，並持續根據市場需求調整策略，推出不同的產品與組合，其中「每日舒活滾珠精油組五入組」一推出即成為熱銷商品。一開始詹茹惠提案給全家便利商店時，全家便利商店方面興趣缺缺，她積極說服：「這組原價三百九十九元，我們建議售價二百九十九元，相信我，一定會熱銷，三千七百二十家店每家進個幾盒，至少需要三萬組」，全家便利商店決定進貨一萬組，結果三天就賣到缺貨，後來一直跟工廠催貨。

隔年這款商品再度在全家便利商店上架時，詹茹惠就恢復原價三百九十九元銷售，舊客戶紛紛反應怎麼漲價了，這時她順勢推出三百九十九元買一送一，等於一組只要二百元，結果消費者又瘋狂搶購一波，同樣熱銷了一萬至二萬組。

「我的原價本來就是三百九十九元，調回這個價錢是要讓消費者恢復記憶，二百九十九元只是促銷價；當市場產生一定聲量時，我再以更便宜的價格限時回饋，這樣就能增加消費者對我們品牌的偏好度。」詹茹惠靈活的行銷操作，在全家便利商店的強勢通路上很容易就獲得市場映證。

適當的促銷活動，確實讓更多人認識、親身體驗 Blueseeds 的產品，同時也建立到全家便利商店購買 Blueseeds 產品的習慣，不僅滾珠精油五入組如此，草本精油膏每年在全家便利商店推出買一送一的活動時，也都造成消費者搶購，而且屢試不爽。

有全家便利商店店長說，消費者一進來就說：裡面有的都給我包起來。還有蝦皮賣家拿個袋子到每家店掃貨，再到網路上轉賣。有次詹茹惠好奇地問這位賣家：「你沒有跟我們進貨，怎麼有那麼多 Blueseeds 的產品?」賣家回覆說：「妳們的產品很好賣，所以我都會在全家便利商店的促銷檔期去掃貨，在蝦皮只要打個九折或八五折就有很多人買了。」詹茹惠啼笑皆非，也意外發現到 Blueseeds 產品的另類商機。

從洗沐延伸到鮮食

後來 Blueseeds 與全家便利商店的合作範圍一直延伸，不僅有聯名商品，也可以在「Fami 週期購」用訂閱制訂購 Blueseeds 的經典洗沐用品，甚至還合作推出聯名鮮食商品，將 Blueseeds 在台東採用自然農法種植的香草萃取「精露」入料，不管是拿鐵、義大利麵、麵包、甜點都嚐得到香草的風味與口感。

對詹茹惠與團隊來說，與全家便利商店的合作，絕對是歷史性的一刻，有了大型企業與綿密實體通路的加持，自此吃下了定心丸，也相信在邁向社會企業這條充滿險阻與磨難的道路中，自己並不孤單。

香草小學堂

綠薄荷

綠薄荷又稱留蘭香，主要生長在溫帶地區，其生長力強，在希臘神話中象徵堅韌。綠薄荷最早由羅馬人引進英國，是為了防止牛奶變酸而凝結成塊的保存之用，其成分可作為天然的食物防腐劑，中世紀之後，薄荷被使用來讓口腔保持清新衛生，可以說是最早的口香糖。

綠薄荷是消化系統的救星，能夠舒解噁心油膩的感覺，並刺激食慾，即使在炎熱的天氣，也能保有胃口，因此在熱帶國家經常入菜。綠薄荷提煉成精油後，具有舒緩嘔吐、脹氣、便祕、腹瀉的助消化功能，並可提振精神、紓解疲勞，是炎炎夏日提起胃口、提升工作效率的絕佳配方。

茶樹

很多人以為茶樹跟我們平常所喝的茶有關，其實茶樹是一種來自澳洲的白千層屬植物，只有從這種植物提煉出來的才可稱為茶樹精油。澳洲茶樹為桃金孃科白千層屬常綠喬木，因為很少有病蟲害，常被栽種在庭園作為綠化樹種，澳洲原住民相傳，把採集到的茶樹葉攪碎敷在傷口上，有助於傷口消毒、加速康復，二戰期間常被用來醫治受傷的士兵。

茶樹精油是從茶樹葉片萃取所得的精油，具有治療、舒緩、殺菌與消毒的特性，有一種濃郁的獨特清香，沒有刺激性，又可滲透皮膚。在疫情期間，茶樹精油是大家必備的隨身法寶，其遠離病菌、強化抵抗力的防禦特性，是在外行走的天然防護罩。如果有感冒的症狀，也可在芳香噴霧機中加幾滴茶樹精油，可對抗環境中的壞因子，同時舒緩身心不適的狀態。

PART 2

堅持永續

——ESG、SDGs也可以是好生意

05

共創綠金的價值

詹茹惠早期在電子科技業工作時，以女性經理人身分創造了驚人的銷售業績，並展現了管理長才，是網通業知名的女傑，但她總是充滿「下駟對上駟」的無力感。

「在那個業界面對的人都大有來頭，不是麻省理工學院（MIT）、史丹佛（Stanford）大學的博士，就是台清交畢業的高手，」她深有感觸地說，過去以為自己辯才無礙，但遇到這些人才知道人外有人、天外有天，儘管每次客戶都是自己開發的，生意是自己談成的，但核心技術還是掌握在別人手中。

「少數人靠專業研發出一套東西，就框住了技術，也框住了財富，我們都只是在產業的末端賣他們的技術，」她逐漸看穿了台灣電子業的宿命。

她告訴自己，以後如果要轉業，一定要掌握產業鏈的上游，相當於電子業的晶片研發。電子業的經驗告訴她，只要能掌握「關鍵零組件」，就有機會影響這個產業，甚至主宰這個產業。因此她不同於多數產業與品牌採購現成原料的做法，堅持從源頭做起，由上而下打造完整的產業鏈。

向電子業取經，師法蘋果與台積電

她經常在腦海中勾勒自己對香氛產業的想像，新舊想法不斷碰撞，直到二〇一四年有一個晚上，她坐在家中的客廳，突然心血來潮，想把腦袋中的東西具體畫出來；她跑去小女兒的書桌，隨手拿了一張圖畫紙，完整的產業架構圖就此成形。「現在回過頭看，Blueseeds 現在做的事情，幾乎就是把這張原圖一〇〇%落實！」

詹茹惠習慣用電子業模組化、層次性的積木式（building block）架構來思考，這些模組就像是電子產品中的不同元件，像是數位訊號處理器（DSP）、無線通訊模組等，隨時可以抽換或增加。

在她眼中，農業的供應鏈與電子業如出一轍：就像晶圓製造廠生產晶片一樣，農田也會產出不同的香草，而配方就是高通（Qualcomm）、輝達（Nvidia）、聯發科、瑞昱這類晶片設計公司，配方開發出來之後就知道要種什麼東西，再交由晶圓廠（農田）生產出來。農場就像是晶圓廠，會有不同的製程，從早期的〇．一八微米、〇．一三微米、九十奈米、六十五奈米、四十五奈米、三十二奈米，一直到先進製程的七奈米、五奈米、三奈米，一開始會使用成熟製程，種一些比較好種的肥皂草、薄荷、迷迭香、左手香，三年後再開始用先進製程，開始種植茉莉、玫瑰、橘子花、馬蜂橙這些高產值的作物。

「我從最上游的原料開始做，種植之後萃取再熟成，熟成之後配香，配香之後再做產品設計，這些過程都是研發。」詹茹惠表示，我們學習台積電深耕技術，也學習蘋果的商業模式，「當我想通這件事情時，在家中雀躍不已，我的創業結構已經出來了！」只要把結構弄對，接著找出方法，然後按照計畫及步驟去執行，就能日起有功。

在這張架構圖中，她充分套用了過去在電子業的思維與經驗，一方面師法蘋果的商業模式，把品牌行銷當成核心競爭力，一方面師法台積電的專業代工模式，掌握關鍵的研發與生產。

幾經修正，詹茹惠後來以更清晰簡單的方式呈現她心目中的產業架構：中間的核心理念是台灣香氛與復育土地的DNA，上方的Blueseeds負責研發、調香、行銷、品牌與社會創新，下方則有區塊鏈技術、溯源、數據分析的科技力支撐，左方的合作契作農場負責土地復育、育苗、自然農法種植、採收、萃取與代耕，右方的合作農創廠則負責提煉加工、熟成、調製、製程、包裝，打造成獨樹一格的綠金農業生態系，同時也是環境社會的共好循環圈。（請見圖5-1）

一般人認為農業的產值相對有限，但香草的經濟價值遠超乎大家想像。詹茹惠以一台載重十噸的卡車為例，滿載的鳳梨產值約十一萬元、香蕉約十二萬元、稻米約三十二萬元、枇杷約三十七萬元、釋迦約四十萬元，但如果載滿香草製成的洗沐用品，產值達四百八十萬元，如果是香草精油更高達四千五百萬元，更提升十幾倍到上百倍的價值，產值絕對不輸電子業。

圖 5-1　Blueseeds 全球獨創綠金生態系產業架構圖

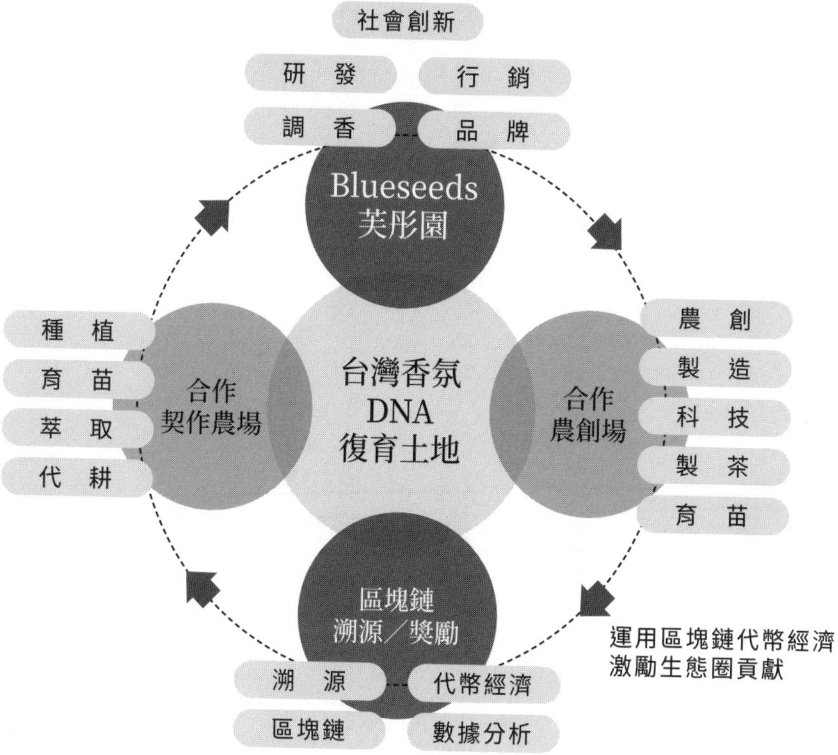

打造農創共好生態圈

接觸農業與香氛產業之後，她發現真的是一個與電子業截然不同的產業。「我接觸到很多可愛的農夫、芳療師、調香師，他們都在自己的崗位上兢兢業業，奉獻勞力與心力，不是彼此廝殺競爭，這是一個值得打造共好生態圈的地方！」她心有所感地說。

「我的農場要種什麼，取決於我的配方是什麼，配方確認之後，就請契作農按照需求去種植相對應的原料。」詹茹惠比喻說，配方相當於高通、聯發科這類晶片供應商，農場相當於台積電這類晶片製造廠，「有電子業的結構，供應鏈的管理就會很清楚，種出來的香草都是所需的，絕對不會亂種。」

「我自己掌握高通、聯發科這些參考設計，如果有人模仿我，我就更改設計、調整創新配方及功能，」這也是 Blueseeds 能夠持續創新、保持獨特競爭優勢的關鍵。

詹茹惠不僅從電子業取經，建構出自己的商業模式，她也深切了解台灣電子業代工模式的痛點——因為無法掌握關鍵技術，所以無法選擇客戶，只能流於殺價競爭；因此她在開創新事業的同時，就極力翻轉這個生態，努力掌握關鍵原料與配方，讓自己變成賣方市場，藉此取得訂價權與選擇客戶的能力，甚至可以等客戶付款後才排程生產與出貨，徹底解決了存貨與應收帳款的問題，讓企業得以永續發展與成長。

從賣肝的電子科技業到養肝的天然香氛業，詹茹惠靠著電子業的思維、結構與經驗，築起諸多產業的門檻，因而能在香草農業的藍海中悠遊自得。現在提到台灣的半導體與資通訊科技產業，全世界都知道在新竹科學園區建立了上中下游的產業群聚，才有遠近馳名的「台灣矽谷」，詹茹惠期待自己在台東建構的香草產業鏈，不僅是永續循環創新的共生典範，更能串連契作農場、農創廠與所有銷售通路夥伴，孕育出與「台灣矽谷」齊名的「東方普羅旺斯」。

走自己的賽道

詹茹惠在創業之後，最常被問到一個問題，Blueseeds 跟綠藤生機、歐萊德、茶籽堂、阿原這些品牌有什麼不一樣？她總是這麼回答：雖然大家的原料配方及產品屬性、品項不太一樣，但我們都很努力在做永續環保，都是為了這塊土地善盡一份心力，希望可以成為代表台灣的香氛品牌，其中有三家是B型企業。

在她心中，這些品牌不是競爭對手，而是可以一起打國際盃的隊友，「在台灣比賽只是一個小賽道，淪為家族內鬥沒有太多意義，如果台灣農創與香氛發展得很好，能夠到國際市場的大賽道一較高下，這時候就要比實力了，原本在台灣彼此對抗的對手，到國際上就是手牽手的戰友了。」

以電子業為例，早期宏碁是台灣個人電腦的祖師爺，隨著技術創新、市場擴大，後來就開枝散葉變成許多廠商，包括華碩、精英、微星、技嘉在內，儘管彼此競爭，但大家都能各憑本事，獲得國際大客戶青睞，一九九〇年代這些公司也都陸續上市；有一陣子產業競爭格外激烈，這些廠商就開始質變與量變，有人做主機板，有人做筆電，有人做電競產品，各自找到自己的一片天。

「在台灣像是下象棋，每個人扮演一個棋子，各自都想吃掉對方；到國外去就是下圍棋，黑子或白子要能合作應戰，才能通殺對方。」她做了這樣的比喻。

現在香氛產業仍是歐美的天下，最大關鍵在於其掌握「原料」，因此可以掌握訂價權，甚至決定要供貨給誰、給誰斷貨。詹茹惠強調，台灣的香氛品牌很少掌握源頭，精油不是自己的，香氛也不是自己調的，一旦國際精油原料斷貨，就要趕快採購別的來源，如果是化學精油不成問題，但如果是天然精油，就不一定調得到貨。例如二〇二二年遇到乾旱，長江、泰晤士河與萊茵河的上游都嚴重缺水，就會影響到香草種子的產量，再過一、二年可能就有斷貨或缺貨的危機。

事實上，精油也是一種原油，跟石油原油一樣會有價格波動，但它的價格曲線不會是一路上漲，而是從一個平原提高到另外一個高原，然後就很難跌下來。「這樣的價格波動很難預測，要維持多久也很難說，如果無法從上游掌握產業鏈，要臨時更換原料、種別的香草都不是那麼簡單的事情。」這也是詹茹惠堅持要從上游到下游、打造一條龍產業鏈的原因之一。

開發符合在地需求的產品

為了瞄準國際化市場，Blueseeds 已經開始思考不同市場需求的產品設計。「香氛有國際化的一面，也有在地化的一面。」詹茹惠解釋，香氛產品並非一體適用，仍須針對不同市場做成分、氣味的在地化調整。

台灣是亞熱帶，但要複製到新加坡這類熱帶國家，全年平均氣溫在三十度以上，四季如夏，消費者的使用習慣一定不太一樣，他們不喜歡「油膩」的感覺，喜歡有些「涼感」的東西，因此不太用乳液，只會用精華液；如果是緯度較高的地方，因為冬天很冷，就更需要溫暖、木質調的香氣。

又如在華人較多的溫哥華及舊金山，都是靠近太平洋的海灣，很多人又是離鄉背井移民過來，如果開發一些有懷念家鄉氣味的產品，應該會頗受歡迎；另外，美國西岸靠近矽谷，充滿年輕活力與創新精神，很適合開發具有這類香氣的產品。

將台灣模式複製到海外

一般來說，農業最大的問題是出海不易，在台灣有些農創做得有聲有色，但之後的成長就受限，「Blueseeds 不一樣，真正開始做出口時，業績將會是數十倍成長，有無限的發展空間，別人可能九九%業績都在台灣，我是九九%業績都在海外。」詹茹惠滿懷期待地說。

儘管二〇一九至二〇二〇年擴展加拿大市場的計畫被疫情打亂，但她的眼光並不侷限在國內市場，只要台灣市場的架構成形，業績成長到一定規模，後續就可按部就班複製到海外市場，東南亞將是其中一處相當重要的灘頭堡。

詹茹惠透露，目前在東南亞已有現成人脈，因為當時在雲端安全聯盟（Cloud Security Alliance, CSA）擔任東亞區行銷負責人而結識許多義工，與當地政府官員、銀行、企業界都有密切互動，未來如果時機成熟，要進軍東南亞市場，不管是新加坡、越南、柬埔寨、不丹等，都有國家級、皇室級的重要關係可以協助，只要起手式動作一下，就把這些人招募進來，一起經營當地市場。

另一方面，全球知名的美妝香氛品牌，正在跟 Blueseeds 洽談產品合作事宜，但雙方對於出貨量、價格、是否獨家銷售或買斷、是否品牌聯名、是否股權合作等細節，還在討論中，但現階段不急著攤開底牌，因為好的產品不擔心沒有好的買家。

以二〇二三年四月巴黎萊雅（L'Oreal）以超過二十五億美元（約合新台幣七百五十億元）收購美妝香氛品牌 Aesop 為例，香氛產品越來越受到消費者喜歡，只要能把原型及產品的獨特性做好，自然會吸引很多人來提親、搶親，這也是營收規模快速成長、公司估值水漲船高的捷徑之一。

從企業客戶切入，提升產品力與品牌價值

雖然海外商機不斷出現，但詹茹惠樂觀中仍抱持謹慎的態度，尤其看到部分台灣美妝香氛品牌出海失利的經驗，讓她謹記在心，希望能備齊足夠的競爭力，「經營品牌第一個

要有產品力，沒有產品力一定會倒。」

例如某品牌原本的強項是香皂，香皂都是自己生產，但後來為了要成長，開始擴展洗髮水、保養品等其他產品線，必須找外部代工廠時，一方面品質不好管控，一方面會拖垮庫存；如果採購人員只關注價格，忽略了原本的理念，處理不好就可能傷害到品牌。

其次，要擴張海外通路時，一定要慎選代理商與經銷夥伴，如果海外門市展店太快，很容易發生壞帳、錢收不回來的情況，導致產品要回收到台灣做促銷變現，甚至在量販店的臨時櫃都處處可見，價格一直崩盤，造成惡性循環，這樣品牌價值自然會大大減損。

詹茹惠發現，全球的中型品牌都有加速老化的問題，只能選擇繼續做大規模，或者被集團併購這兩條路；C 端的香氛產品很難走出台灣，因為通路展店與品牌行銷的投資太大，「Blueseeds 堅持要做 B 端，從頭到尾都在走不一樣的賽道，才有機會放眼國際！」

身為連續創業家，她與生手創業的人不同，自然不需要急於去表現成功的樣子，「走到對的道路上，成功是浪潮把你堆出來的，不是你想要去表現就能成功，一旦大家都認同的時候，大家都會造浪把你堆上來。」

靠IP建構獨有競爭力

許多人看到Blueseeds的成功，總會好奇地問：為什麼妳可以開發出這麼多厲害的產品？詹茹惠總是回答：我賣的不是產品，是IP。

早在創業之前，她就做了很多的前期研發，遠赴英國、法國拜師學習，到美國考證照，這些知識累積成IP放在腦袋中，就是她創業最大的本錢。從電子業的概念來說，等於找到一個擁有許多IP的厲害工程師，不用建立龐大的研發團隊、投入技術開發，就能直接做產品了。

正因為建構了這樣的IP，詹茹惠可以有恃無恐，放下二十多年在科技業打下的江山，沒有一點點的不捨與猶豫，因為她知道，只要產品在市場上獨樹一格，有自己的一套理念與商業模式：賦原經濟、土地認養、產品訂閱、綠金農業，「完全不用擔心市面上的競品，因為很多人都要學我們。」

更特別的是，Blueseeds是極少數從香草契作、育苗生產、萃取提煉、調香研發、工廠加工、包裝到品牌行銷、銷售與服務、掌握一條龍經營的自創品牌，「我們不是靠賣產品賺錢，如果我們的商業模式可以拆成十段，每一段我們都能靠 IP 賺錢，」詹茹惠自豪地說。

打造一家世界級的企業何其容易，詹茹惠知道這些都需要花時間發酵，在砸大錢與穩紮穩打之間，她選擇了後者，「如果要用大公司的思維拚命燒錢，至少要砸個五億、六億元，我決定安步當車、逐步成長，再讓對的夥伴主動來找我，這樣可以走得更長久，也能保護好不容易建立起來的產業。」

即便如此，Blueseeds 還是足足賠了六年，總計燒光超過一億元，直到二〇二二年才轉虧為盈，營收倍數成長，稅後盈餘也符合預期。每當有人說想要投資 Blueseeds，她總是把醜話講在前頭：我至少要賠五年；但她的聲音彷彿有一種魔力，當她說出：我們一起來做一些利益眾生的事時，這些看好產品、認同理念與產業價值的股東沒有皺一下眉頭，依然不顧代價、決定力挺。

「我們就是一直自己募資，練到身強體壯後，就開始獲得政府與創投基金的支持。」

Blueseeds 除了早期的投資人之外，後來也取得行政院國發基金、交大天使投資俱樂部等單位的投資，現今估值已接近新台幣十億元。

有些人看不懂我們的價值，很難想像我們的市值怎麼可能這麼高，其實當我們的基礎都已打好、IP 持續堆積上去，只要一家國際級的品牌下很大的訂單，業績很快就會翻好幾倍，每筆訂單都會把我們撐起來，市值再疊加上去，這是 IP 很驚人的力量。

建構智慧城鄉永續綠金生態系

詹茹惠一心想要翻轉農業，除了構思創新的商業模式外，也少不了智慧科技應用這項利器。

二〇二三年七月，Blueseeds 與 A 資訊安全公司、B 數據科技公司、C 科技公司聯手提出「建構永續綠金環境友善生態系應用發展計畫」，順利獲得數位發展部數位產業署的「智慧城鄉生活應用：地方試煉暨國際合作」的補助，未來將在花蓮縣、台東縣、台北市的六個試煉場域中，導入田間微氣候站與無人機，搭配 ESGselect 平台的運作，致力於實現農業科技與消費科技的整合應用。

詹茹惠解釋，Blueseeds 的一畝香草田將成為技術導入的主要驗證場域，藉由陸、空並進的方式監測香草耕作環境、進行精準農業管理，一方面透過微氣候站的感測設備在田間蒐集氣候數據，一方面透過無人機進行自動巡檢，再搭配契作農日常紀錄，構成完整的大數據；在生產端為農民提供更智慧化、高效率的農業管理方案，提高農作物的生產效率，在消費端則建立「綠金會員生態鏈」的體系，讓全世界都可看見台灣企業在 ESG 上的貢獻度。

舉例來說，無人機透過空拍與影像分析，可量測植被與土壤的反射率，藉此評估植物的生長狀態，一旦發現無植生的區域，就要注意是因為灑水不足或病蟲害等其他原因造成乾枯，還可進一步將栽培管理落實到每一個農作植株上，做到植株定位來落實精確農業；如果發生農業災害，也可透過無人機取代人力進行勘災，並且快速評估田間災損狀況。

另一方面，Blueseeds 的 ESGselect 平台也將導入 A 公司的技術，以區塊鏈技術搭配符合國際標準的DID技術，打造出具有去中心化、不可竄改特性及完美保護個人隱私資訊的解決方案，來自世界各地加入ESGselect平台的綠金會員，都會取得DID憑證，從產品生產簽署、銷售流程處理，到相關行銷活動整合，都會提供線上與線下交叉驗證時的完整資料保護。

在「科技化服務」的加值下，Blueseeds希望朝向「智慧農業創新」的應用邁進，藉此降低農民栽種負擔，且可透過透明化的數據進而提升產銷量與香草品質，實現綠金生態系。為了這項計畫，Blueseeds也將號召一千份個人或企業共同加入認養行列，一起體驗來自台東「對土壤、水源及下一代友善」的ESG綠色產品，並具體擴大社會面、經濟面、環境面的價值。

下一個馬年的約定

詹茹惠屬馬，她自己的生涯規劃，也恰好符合生肖的循環週期。二〇一四年是她的本命年，開始萌生再度創業的念頭，她心中盤算著，下次的馬年也就是二〇二六年，希望Blueseeds 掛牌的夢想可以成真。

有時她跟女兒聊起機會成本的問題，如果沒有投資幾千萬元在 Blueseeds，或者去別家公司當專業經理人，或許有機會存到不少現金和股票的財富，但她相信公司掛牌之後，能夠帶來的投資回收遠遠不僅於此；更重要的是，這個產業鏈可以培養、嘉惠許多農友：契作農、加工廠、往來的員工、廠商、行銷，還有通路等，「這些都不是天上掉下來的，而是累積過去這麼多年的專業，透過資本財、時間財、知識財，加上產業判斷與市場滿足而成的。」

詹茹惠一直記得她先生給她的忠告：把公司經營好當基礎，不是以股票當基礎，只要做了對的產業，公司實踐好的理念，進入資本市場就會有所回報；一開始她似懂非懂，但經歷這麼多事情之後，她已經完全理解這個道理了，就像「我們對土地有真正善意的付出，土地一定會給予我們幾百倍的回報。」

成立以來，Blueseeds 不僅在 ESG 方面發揮影響力，在新創企業的國際舞台也嶄露頭角，包括二〇一八年獲得台北市政府「亮點創業菁英獎」，二〇一九年躋身《紅鯡魚》雜誌亞洲百大（Red Herring Top 100 Asia Award），二〇二〇年榮獲經濟部「新創事業獎」，詹茹惠本身也成為二〇二〇年 Wise 24 矽谷全球女性創業家 pitch 盛會的台灣代表，並於二〇二三年獲得《經理人月刊》頒發的「100 MVP 經理人」。這些榮譽與肯定，都支持著詹茹惠朝向掛牌的目標繼續邁進。

「這些年來我們廣積糧、築高牆，就是為了打造全球獨創的綠金生態系，」她相信，隨著ＩＰ實力與品牌效益逐步擴散，Blueseeds 終能建構立足台灣、放眼國際的全新台灣療癒（Heal in Taiwan）品牌，讓台灣的產業從ＭＩＴ走向ＨＩＴ！

香草小學堂

左手香

左手香又稱到手香，葉片厚實，上面密布著絨毛，葉子邊緣排列均勻，帶著濃郁的香氣，因為容易種植，是十分常見的香草植物，不需要特別照顧，就能生長得茂密蓬勃。

左手香原產地在南亞的印度、斯里蘭卡，東南亞各地早就被當作蚊蟲咬傷、蛇傷的藥草，其擁有良好的藥理屬性，具有消炎、止癢、解毒、抗菌等作用，且有助於癒合傷口與修復細胞。從老祖先時代就知道左手香具消炎保健功效，一直是中醫及傳統療法中最普遍使用的草藥之一，現代的西方醫學也肯定其藥理療效。

06

永續的自然農法

「秋天的疆土，分界在同一個夕陽下接壤處，默立些黃菊花。」這是詩人鄭愁予在〈邊界酒店〉中描繪的一段詩句，經常沉浸在香草田的芬芳中，詹茹惠顯然對這樣的情境，特別能夠感同身受。

詹茹惠對農場不僅有一種情感，還有一種情懷。這是契作農們醉紅了臉的模樣、這是契作農小孩的臉蛋、這是我女兒們在田地間撫摸香草的身姿……，如果有機會跟詹茹惠熟識聊天，她一定少不了分享這些香草田的故事。

與其說詹茹惠很享受在農地間觸聞香草的時光，還不如說，她很珍惜與在地小農真心互動的感受，「我會邀請我的客戶、親朋好友們來到台東，然後就參訪很多地方，黃的、紅的、白的、綠的……。」事實上，詹茹惠眼中的天然精油產業，就是與農民合作，創造出既能互利、又能保存本土植物的商業模式，讓台灣豐富的生態資源，共榮成和諧美好的風景。

與農民交朋友

詹茹惠相信，除了生活回歸天地，身體也要重返自然，才能真正達到健康，因此提出了讓小農以自然農法種植香草，Blueseeds 再將其製成精油產品的想法。

「我們在農場是採用古法，萃取精油時也是古法，才能提煉出最天然、最原始的成分。」詹茹惠表示，人心如果能夠回到社會還沒有那麼文明、進步之前那種純粹與善良，整個環境自然就會有善的循環，就像 Blueseeds 這個社會企業從善念出發，產品不傷害人體，又能養護土地，沖洗使用過後的廢水，也不會造成汙染。

為了吸引更多契作農加入行列，也為了回報農民們工作的辛勞，詹茹惠採取的是「所種即所得」的模式，不僅讓契作農得到更高的收益，也願意先預付款項，讓契作農放心投入耕作，「選對契作農很重要，我沒有租任何一塊農地，跟三十位契作農合作，也相信香草產業能夠為農民帶來十六至一百一十倍產值的提升。」

比起科技業凡事須小心翼翼的交際圈，詹茹惠特別喜愛與農民交朋友，溝通起來往往更能夠敞開心房、走進彼此的世界，就好似赤腳踩在泥土上，傳遞上來一種踏實而溫暖的感覺。

然而，涉及到商業行為，還是無法只憑著一股交朋友的氣勢就水到渠成。「只有三個問題，第一個就是彼此是否認同對方的理念，第二個就是要不要結成一個聯盟，第三個就是價錢的問題。」通常前二項都很容易通關，至於最後一項的價格問題，詹茹惠也多半願意讓利，不太喜歡討價還價，她認為，真心對待小農、真正認可他們的專業，才可迎接瓜熟蒂落的時刻。

「如果契作農開的價格太便宜，我反而會擔心，到底給我的是什麼東西？」乍聽像是開玩笑，但能支撐她實踐這個想法的背後，還是堅強的信念與對產業價值的信心。她相信只要能用理念、誠信跟農友交朋友，並給予他們足夠的利潤，定能確保收成高品質的香草，而這也是 Blueseeds 永續經營最重要的基石。

長濱的世外桃源

名為「長濱」的土地上，台東的一角裡，山坡上分立著些迷迭香、玫瑰天竺葵、廣藿香等各類香草田；海風帶來鹹濕的氣息，浪濤聲隨著小草沙沙搖曳。這裡是「慕樂諾斯自然農場」，靠山面海，多彩的花草們錯落其間，其中的主人李登庸，正是Blueseeds的主要契作夥伴。

李登庸曾擔任工程師八年，本身熱愛自然、任職過生態調查助理的他，抱持著希望將資工專業引入社區發展的心情，毅然踏入了農村，從外地到台東定居。他的產業經歷與詹茹惠有著相似之處，二人聊起來也有更多共同語言，總有聊不完的話題。

李登庸談起自然農法的理念，「我深信萬物受造不是偶然的，在一片小小的農田裡，充滿了各式各樣的生物，在不同時間點以它們特有的姿態現身，大家看起來像是相互競爭，實質上卻是豐富了我們的農田。」比起一般認定要清除雜草的傳統觀念，或是有機農業一直努力「以自然的方式消除雜草」，他的想法顯然更加不同。

秉持著萬物共生於一地並非偶然的想法，他反過來思考，有沒有什麼方法，能夠與雜草「合作」，而非「競爭」？於是在栽種香草之前，他花了大量的心思去研究雜草的繁殖策略，例如香附子依靠地下塊莖繁殖，繁複的生長網很難除盡，但把它們翻進土裡，那驚人的生命力就會化為最優質的肥料。

又如四處旅行的咸豐草，會帶領農民找到絕佳的土壤環境，並作為蜜蜂的食糧幫助香草繁殖，但咸豐草的背面很容易滋生蚜蟲，雖然農人都覺得是害蟲，但牠們千辛萬苦才找到這片能夠安身的葉子，怎麼忍心除掉牠們？

李登庸轉念一想，如果不要使用一〇〇%的田地，而是把一部分留給大自然使用，就沒有這個問題了，除了蚜蟲以外，他們也在農場生養了瓢蟲，有趣的是，因為瓢蟲與蚜蟲之間的捕食關係，這樣的做法也讓蚜蟲受到了大大的抑制，讓農田展現生態更多樣性的面貌。

不僅為了作物，更為了萬物

因為老齡化與少子化造成勞動人口不足，加上產業結構改變，農村的人口大量外流，導致農務很難找到代勞的人，且偏鄉地區家中經常遇到水管漏水、蛇鼠或猴子入侵、鄰居在田邊翻車等事情，時間常被這些非做不可的大小雜事所切割，很難找到朝九晚五的上班族工作，導致偏鄉貧窮的現象一時之間很難改善。

面對這樣的社會結構與生活型態，李登庸特別感謝有 Blueseeds 為台東農村提供這種共好模式，透過先付款、預定產出的契作關係，讓農民朋友能夠有當下的收入，進而專注於農務生產這件事，還能行有餘力，致力於從事土地的復育。

如同李登庸將一部分的農地提供給作物以外的萬物生長，詹茹惠一直將契作農當成共好生態系的重要核心。詹茹惠用心對待農民，扶植他們透過自然農法栽種作物，幫助土地也帶來更高的收益，對於香草的知識，她從不藏私，也願意分享利益。

儘管並非 Blueseeds 的產品，詹茹惠常把握機會宣傳小農們的品牌，幾乎每個參加過台東香草田參觀行程的貴賓，都嚐過李登庸妻子巧手烘焙的手工香草麵包，紮實的口感與香草的調味大受好評，二〇二三年他們也開設了自己的實體店面，每到下午總是陣陣飄香、引人駐足。

農地直送的天然洗劑

在創業初期，詹茹惠透過演講與市集積極推廣，雖然只能接觸到有限的群眾，但大家聽完她的理念、使用過 Blueseeds 的產品後，都給予相當正面的回饋，讓她對這條創業之路更具信心。二〇一六年下半年，她開始思索著，是時候讓更多人認識這個品牌了，於是她把眼光拋向「群眾募資」。

二〇一〇年代，群眾募資平台如雨後春筍般成立，這種透過消費者預付款項小額支持，創作者或品牌商再開發完成商品或作品的型態大行其道，成為許多新創公司與新興品牌進入市場的捷徑；這種群眾募資方式一方面可以測試市場，一方面又可讓提案者先募得一筆資金、降低投入風險，特別適合理念倡議型、社會公益型的創業者，因此詹茹惠也選擇了群眾募資這條路。

詹茹惠過去的人脈，此時又派上用場。她擔任資安公司總經理時，因為義務協助雲端安全聯盟的行銷工作，認識了新加坡的行銷總監鳳馨，二人結為好友。二〇一四年七月，鳳馨在新加坡主辦亞洲群眾募資（Crowdfunding Asia 2014）研討會，邀請詹益鑑、林弘全（小光）出席演講，詹茹惠也因此結識小光。

小光是無名小站共同創辦人，後來創立群眾募資平台 flyingV，一開始甚少互動，只是偶爾在臉書按個讚、用 LINE 互傳訊息。要籌備群眾募資計畫時，她腦海中第一個閃過的就是小光，馬上撥了電話給他。

詹茹惠告知小光自己的想法，當時在廣州的小光立刻回覆：「我給妳找一個最會募資的產品經理。」沒多久，他就推薦 Anderson Chen 給她。Anderson 擁有豐富的募資操盤經驗，其中一個跟 Blueseeds 理念接近、同屬永續農業議題的成功個案，就是鮮乳坊。

一個很會講故事，一個很會掌握行銷訴求，詹茹惠與 flyingV 團隊可以說是一拍即合，團隊來回僅討論了四次，就將所有募資所需的行銷素材拍板定案。林大涵建議用手繪風格，來呈現 Blueseeds 與環境共好的四大堅持，並透過感性文字帶出核心理念與產品特點，「他們的文案與手繪風格真的很厲害！」

向土地下訂單

二〇一六年三月二日，公司成立還不到二個月，「認養一畝香草田：打造農地直送的天然洗劑」募資計畫正式在 flyingV 上架，邀請大家一起來種下一畝香草田，打造潔淨環境、友善人體的天然洗劑品牌。

群眾募資計畫的一開頭，就點出天然清潔素與人工化學品的差異。因為化學洗劑當道，每天接觸我們每寸皮膚的沐浴乳、洗髮精，盡是人工化學的介面活性劑、乳化劑、染色劑與香精，這些環境賀爾蒙長期累積下來，就會造成人體生殖能力下降、過敏兒與胎兒畸形比例增加，並增加細胞病變、慢性病與癌症等風險，同時透過生態循環與食物鏈，對整個地球生態造成鋪天蓋地的衝擊。歐盟每年編列超過三百億歐元（約合新台幣一兆零四百億元）的經費，就是為了降低環境賀爾蒙對環境與下一代的影響。

有鑑於此，Blueseeds 以友善土地、潔淨生活為出發點，秉持天然原料、傳統萃取、自然農法、全面契作這四項堅持，打造純天然草本配方的清潔用品，包含肥皂草、蘆薈、海藻、海鹽、精油、精露等原料都是植物萃取而成，不添加任何人工化學合成物，成本是一般產品的五到十倍。（請見表 6-1）

在農場部分，Blueseeds 堅守十二項萃取製造原則，採用雜作式自然農法，不施肥、不灑農藥

表 6-1　六大成分（100% 植物萃取製成）

成分	取代	功能
肥皂草	介面活性劑、發泡劑	吸附及清潔汙垢
精油	化學防腐劑、化學合成香精	具有防腐作用、增添香味
海鹽	增稠劑	增加黏稠度、輔助防腐
海藻	增稠劑	滋養肌膚、毛髮
精露	化學合成香精	替代水、增添香味
蘆薈	營養成分	滋養肌膚、毛髮

與除草劑，讓土壤更為健康，同時會將不同的植物在同一塊農地搭配種植，植株化作養分後可以發揮「化作春泥更護花」的作用，也能透過香草植物的天然驅蟲效果來確保作物的品質，隨著香草田生態自然演化，就能增加精油採收量。

另一方面，群眾募資計畫也凸顯 Blueseeds 與契作農的共好關係。當時在台東知本、長濱、苗栗卓蘭等地，共有三十多位農友信實耕作，擁有四十公頃的契作香草田，希望二〇二五年進一步擴展到一百公頃；Blueseeds 不僅提供收購保證，讓契作農無須擔心收成或損失，更與農創專家合辦「農私塾」教育系統，培育更多的青壯農友。群眾募資的多數資金，都將投入在契作農與農私塾當中。

百萬金額順利達標

透過圖文的呈現，flyingV 將 Blueseeds 的品牌理念與願景逐步鋪陳出來，這個計畫不僅是鼓勵使用 Blueseeds 的沐浴乳、洗髮液，更是號召大家一起攜手建立完善的「香草田契作模式」，從認養一畝田開始，身體力行去除環境賀爾蒙、降低汙染，同時扶持在地契作小農、讓農業在台灣扎根，相關收益又可持續投資自然農法，創造正向而健康的產業循環。

贊助方案以「田園沐浴液」與「舒緩洗髮液」為主，再加上「薰衣草潔衣露」、「茶樹蔬碗液」、「豐潤護髮素」等，均以日常生活為主要取向，更與每日的肌膚接觸息息相關。另有一年份訂閱制的方案，除了每季配送四次產品組合外，還可參加苗栗卓蘭契作農場的採花體驗行程，為的就是讓使用者親眼走進農場、接觸香草，對 Blueseeds 的理念與產品更信任，也更認同。

詹茹惠抱持一貫的想法，不通知親朋好友，希望測試一般人的真實反應，或許因為胸有成竹，也或許覺得順其自然，四月份她就放心跑去歐洲慶生度假了，五月一日募資結束，順利達標，共有三百六十六人贊助了一百多萬元。

她對這樣的成績相當滿意，「以當時毫無知名度的情況下，這個理念顯然有被接受。」從此，一畝香草田不再是一句口號，而是 Blueseeds 落地實踐的美好訴求。

網路霸凌事件

儘管贊助計畫獲得不錯的迴響，但當時也發生了不理性的網路霸凌事件，讓詹茹惠疲於奔命。一位知名的皮膚科醫生，在網路上大肆抨擊洗劑產品不可能沒有環境賀爾蒙，部分酸民不僅轉發文章，還跑到臉書留言謾罵，連販賣悲情、不肖商人的字眼都出現了。

她氣不過，就到每則留言處一一解釋，並請網友刪除留言及道歉，花了很長的時間向二、三百人據理力爭，總算消除了不少雜音，所幸理性的民眾還是占了多數，後來群眾募資成績仍超乎預期，並未讓一個良善的計畫胎死腹中。

然而，這件事對於剛創業的她來說，仍是倍感挫折，她很納悶，為何一個無冤無仇的醫師，要對一個新創品牌發動如此無情的攻擊？後來她從業內朋友得知，原來這位醫師本身擔任某個保養品牌的代言人，頓時豁然開朗，說穿了這不是什麼理念之爭，不過就是商業利益的衝突罷了。

這個事件讓她體會到商業市場的競爭本質，但也激發她擇善固執、堅持下去的勇氣。

每一位贊助者的支持，不僅是資金的涓流挹注，更重要的是支持力量的匯流成海，她相信只要起心動念抱持善意與誠意，終究能累積出巨大的能量。

香草田的約定

許多人看到的 Blueseeds，是在不同通路上推陳出新、在國際舞台屢獲獎項的香氛品牌，但在 Blueseeds 品牌與產品的背後，是一畝一畝的三分田，每一畝都是農民用自然農法翻土、下苗、澆水、採收的場域。

Blueseeds 與契作農種植了各式香草，提煉出健康天然的精油洗浴用品，完全取之於大地，也沒有汙染回歸於大地，這樣的品牌精神，用語言敘述很簡單，但要實際體會並不容易；詹茹惠思考著，當我們用最良善、最自然的方式對待土地，土地及植物被復育了，也回報我們最天然的力量，但究竟這種堅持，要怎麼讓消費者感同身受？

她決定邀請大家，一起來認養自己的一畝田，而且要親自走進去。這跟有些人契作稻米、蔬菜、水果、雞蛋沒什麼兩樣，只是這畝田種植的是香草，由契作農種下香草，收成並提煉成天然香氛洗沐用品，每季直接配送到家，提供一年份的家庭使用。

二〇一九年起，Blueseeds推出了「認養一畝香草田」的賦原經濟訂閱式計畫，選擇了台東長濱鄉的一塊優美土地，切割出成千上百的契作農地，不管是個人、企業或機構都可以認養。在認養的期間內，契作農就有穩定的收入，可以安心用自然農法來生產；Blueseeds還會將認養者寫下的小語，製成立牌置於香草田上，表達對土地的感激，另外，認養收入的五%會捐助給「財團法人孩子的書屋文教基金會」，在照顧到環境的同時，也為台東的弱勢孩童貢獻一份微薄心力。

這項計畫獲得了數百位善心人士的認養支持，其中不乏企業領袖、政府官員、藝人及名人，許多公司更是以企業名義幫眾多客戶貴賓認養，有些民眾在認養時還會刻意挑選當名人的鄰居。

推出訂閱方案，落實體驗經濟

「認養一畝香草田」分為一萬元、三萬元二種方案，都提供一年份的洗沐用品，分成春夏秋冬四季寄出，其中一萬元的方案每次寄送約三千元的產品，三萬元的方案則每次寄送約一萬元的產品，讓訂閱者有物超所值的感受。

除了採取訂閱制的銷售模式，這個方案也是不折不扣的體驗經濟。訂閱者如果購買三萬元的方案，可免費參加「台東大山大海香草園體驗二日遊」；如果購買一萬元的方案，則可參加「台東大山大海香草園體驗一日遊」，為的就是讓訂閱者回到土地的源頭，親眼看見 Blueseeds 的用心與堅持。

這套方案的背後，其實有一套經營心法。詹茹惠表示，過去在電子業都是經營企業客戶，因此不太習慣服務終端消費者，但做品牌不可能不跟消費者打交道，因此提供一定門檻的訂閱方案，一方面可以快速引進金流，一方面可以拉高門檻、只服務特定的優質客戶。

「他們都是對的客戶，所以我願意帶他們到香草田參觀體驗，只要實際接觸自己認養的農田，讓小農現身說法，客戶就能理解我們的自然農法與環境永續是玩真的，更認同我們的品牌價值，」詹茹惠對體驗經濟的成效相當認可。

從此之後，「一畝香草田」從最早在 flyingV 群眾募資提案的主題，成為 Blueseeds 與消費者溝通「訂閱制產品」的語言，如今更成為大家耳熟能詳的品牌象徵。「一畝香草田」意味著 Blueseeds 對土地與環境的承諾，也代表著 Blueseeds 與使用者之間的美麗約定，更讓 Blueseeds 扭轉以企業採購專案收入為主的型態，增加忠誠用戶訂閱制的長期被動收入，讓營收來源更為健康與多樣化。

回到土地的源頭，眼見為憑

有些人或許在台北聽過詹茹惠的演講，或者因為親友推薦而使用 Blueseeds 的產品，就被環保公益的經營理念所感動，決定認養一畝香草田，但如果沒有親自走一遭，多數人還是對香草產業鏈如何運作似懂非懂，但一趟知性之旅下來，所有的疑惑全都豁然開朗。

來到長濱契作農區，小農親自說明農場中栽種的種種香草，以及施作自然農法的心路歷程。許多參觀者走進農地，發現香草作物及雜草都肆意地生長，一開始都會覺得有些驚訝，其實這是一種刻意安排的雜作環境，使用一系列的自然方法來提供作物多樣性，提高土壤的有機物成分，並借助昆蟲的力量，搭配不同的作物種植組合，強化作物間相生相剋的原理；能夠生存下來的香草，就會具備更多的韌性與能量，萃取後的精油品質就會更好。

來到農創廠，廠長詳細說明提煉精油、製成產品的程序：採下的香草被送進蒸餾爐後，在高壓蒸氣下，植物腺體中的精油釋放出來，隨著蒸氣經過冷卻桶凝結成液體。每當大家看到上百公斤的香草僅能提煉出數十毫升的精油，總是露出不可置信的表情，也會因此恍然大悟：市面上廉價的精油，不可能是像這樣純天然萃取而成。

香草經過四十五分鐘的蒸餾過程後產生精油、精露，放置三至六個月熟成之後，再進行填充入瓶、包裝出貨，而為了防止產品變質，必須終年開啟空調控溫、避免陽光直射，才能確保品質。

從育苗開始到種植、除草、收成、提煉、熟成到包裝，需要半年到一年的時間，無法速成也沒有捷徑。參觀者看到 Blueseeds 對原料的堅持、高品質的要求、一條龍流程的控管，都會留下深刻印象；在包裝區看到許多原住民員工，也能體會到這家社會企業提供當地原民就業機會的用心。

來去台東，探索美麗淨土

「台東，是山與海相連的地方，也是東方的普羅旺斯，這裡陽光充足、土地乾淨、遠離喧囂，我們在這裡開啟了我們的第一畝香草田。」自此之後，「來去台東」成了詹茹惠的家常便飯，她很常在台東，或者去台東的路上。

一開始，詹茹惠經常帶著認養一畝田的贊助者，到台東的契作農地參觀，後來，她也經常帶著國內外的貴賓、合作夥伴、意見領袖，聽取園區內各式香草的故事、自然農法的理念，小農總是這麼說：「你可以摸、可以採、可以吃、可以泡茶，還能夠帶回家。」

每回大家在田間親手摘取香草，揉出肥皂草的泡沫，享用香草茶及手作麵包點心，感受到土地的味道及台東的慢活步調，總是捨不得離開這塊自然美麗的淨土。

「其他品牌的香草活動都是一個下午茶的體驗而已，但 Blueseeds 帶我們走進農場產地，聆聽真實有趣的故事，之後每天用純天然的產品洗碗、洗身體時，一定會感覺和這片土地更加親近。」一位認養者留下這樣的感言，也可看出每一位接觸到香草園的人，心中都灑下善念的種子，而土地復育與良善循環的信念，也藉由參與者的傳播力量擴散開來。

尋找社會發展與自然環境的平衡

「這樣的農法對於土地、對於環境、對於人與社會都是良性的。」在詹茹惠的共好理念下，Blueseeds 正在一步步建立生態、生產、生活的友善循環，持續尋找社會發展與自然環境之間的平衡點。

就像萬物生長於同一大地，能在此地相遇也絕非偶然，就像是香草留在土壤裡的暗香，若有似無地勾動你踏上這片土地，最終連結共生出茁壯的莖脈。

「或者，將歌聲吐出，便不祇是立著像那雛菊，祇憑邊界立著。」當大家重新找回與土地的連結，願意為環境做出一些改變，他們不再只是光說不練的倡議者，而是付諸行動的實踐家。

香草小學堂

玫瑰天竺葵

玫瑰天竺葵雖然名字中有「玫瑰」二字，但它其實是以葉子作為主要萃取成分的，天竺葵家族成員眾多，可大致分成觀賞型及可以萃取成精油的實用型二派，更因擁有從花香到果香等多種香氣風格，而成為香草界的明星！

淡粉色的花朵，不僅讓它與玫瑰有幾分相似，最重要的是它擁有與玫瑰相近的香氣，價格卻只要玫瑰的十分之一，因此又被稱為「窮人的玫瑰」。與許多天竺葵一樣，玫瑰天竺葵是南非的原生物種，範圍遍及埃及、北非與中國，主要產量源自於馬達加斯加周邊。

玫瑰天竺葵保留了玫瑰優雅的花香，又帶有獨特的柑橘與薄荷的甜味，能夠舒緩並減少恐懼，給人光亮清新的感受及溫暖舒爽的氣質，得以提升心中的安全感，進而平衡身心。此外，能夠清理肌膚油膩、抵禦面疱，具有明亮肌膚的效果，對於油性皮膚特別有效；也可抵抗支氣管炎、流行性感冒、消化道疾病，並幫助身體排毒、降低血壓與增強肝臟機能，同時改善風濕、痛風等問題。

肥皂草

肥皂草又稱皂香草、石鹼花，是歐亞大陸與中東的原生草本植物，種別多達二十種以上，生長分布範圍廣泛，有著三千年以上的使用紀錄。

身為石竹族肥皂草屬的多年生長草本植物，驚人的適應力與繁殖力展現出超強生命力，抗熱耐寒，會開花的它，除了有洗滌的功能，還有形形色色的形狀與花色，具備觀賞價值。

肥皂草可以吸附髒汙、去除汙漬，還有軟化細緻之效。是工業時代前洗澡、清潔的萬用洗潔劑，在工業化大量製造肥皂興盛之前，更是羊毛坊裡用來清洗織物的高級洗潔劑，直至今日，為了避免破壞古文物，博物館與古蹟內部的地毯、畫作、家具、編織品仍是使用肥皂草溫和的特性來清洗。

Blueseeds的產品中，經常使用肥皂草代替化學的介面活性劑與發泡劑，其天然成分，擦拭在皮膚上可以抗發炎、防止過敏，還被修道士用來製作藥草，比如治療毒藤引發的不適，以及行軍時軟化硬水之用；其神奇用途流傳開來之後，立刻在各地造成流行，英格蘭的平民婦女慣於用來清潔衣物與碗盤，貴族則搭配香草製成高級洗髮精與沐浴乳。

07

ESG 的標竿

花草泡的香茶、揉入香草的麵包、以現採香料炒製而成的義大利麵，一張不大的木圓桌，對著山谷與海岸間的香草田，愜意的午後美好延長著。詹茹惠細數這些與台東香草田有關的回憶，有感於大自然給予的美妙回報，總是會露出滿足的微笑，彷彿這件工作沒有任何一點的辛勞。

取之於田地，用之於香草，Blueseeds 自誕生之初，便與土地有著緊密的連結，因此也一直抱持回饋土地的理念。二〇一五年開始，她就與契作農採用自然農法施作，保留原始農田生態系統，復育受損貧瘠的土地，涵蓋台東的長濱、太麻里、知本，以及苗栗食水坑、阿里山與屏東，共有六個場域，復育面積從五公頃一路增加到六十公頃，很快又將擴及台東池上。

六十公頃的土地復育代表什麼？根據專業統計，一公頃農地如增加一%有機質，可儲存四六．九公噸二氧化碳，復育六十公頃農地相當於儲存二千八百一十四公噸碳排量，換算起來，Blueseeds 每年銷售約二萬五千公升洗沐用品，相當於一公升洗沐可儲存〇．一一公噸二氧化碳。

另一方面，香草種植採自然農法，也大幅減少農業廢水排放，根據計算，Blueseeds 一年可減少高達三．九億公升的農業廢水處理，以每年銷售約二萬五千公升洗沐用品換算，相當於一公升洗沐用品減少一．五萬公升的農業廢水排放。

「不只是為了作物，更是為了此地的萬物，」詹茹惠主張，我們萃取最天然的成分，在復育農地、河川的同時，對於人體、下一代都是有幫助的，消費者在使用這些產品的同時，也為淨零減碳盡了一份心力；如此一來，從生產到生態到生活，建立善的循環，就能持續推進與環境共好的永續目標。

打造共好選品平台

當詹茹惠與苗栗、台東、屏東等地的契作農越走越近，她深刻體會到，不管是農一代、農二代，或者從城市跑去鄉間成為青農的新朋友，對這片土地都有一種與眾不同的情感，也對環境友善有更深的責任感，卻往往苦於缺乏相關資源，或者流於單打獨鬥，無法獲得應有的回報。

儘管 Blueseeds 還在成長階段，但詹茹惠自覺有義務為這些小農做更多事情，於是打造了 ESGselect 共好選品平台。以 Blueseeds 起頭，ESGselect 積極串接企業與小農，推廣小農用心栽培出的有機作物，將原型食物、自然農法融入於生活之中；另一方面，上市櫃公司、跨國企業、公家單位與組織，可透過綠色採購責任消費的方式，具體支持小農的理念、產品或服務，並實現 ESG 永續發展的責任。

打開 ESGselect 的網站，包含音樂米、陳滿堂、樹仔下、米田共享、慕樂香草、布谷拉夫武陵農場等小農品牌映入眼簾，裡頭提供了眾多新鮮美味的蔬果、大豆、百合、山苦瓜、烏龍茶、金萱茶、長濱金剛米、阿美甜酒釀，還有手工的香草麵包、純米甜點等。

企業可以採用「直接投資小農」、「透過平台取得產品，給予實質回饋」、「參與生態旅遊或食農教育，開發小農專案」等三種方式落實ＥＳＧ，共享專案經國際認證的聯合國永續發展目標（Sustainable Development Goals, SDGs）量化效益，吃到、用到，甚至製造天然的食物與商品，Blueseeds 也會將 ESGselect 平台的收益，撥出五%捐贈給公益弱勢團體。

發起小農種碳專案

二〇二三年，Blueseeds 推動 ESGselect 的旅程中，多了一位重要盟友，他是天地和氣負責人、曾任《民生報》環保記者的方儉。他於一九八五年在媒體上以馬肉冒充牛肉、不實媒體報導與醫藥廣告，引發大家對相關議題的重視，一九九〇年起更發起台灣地球日，投入環保運動。

二〇二二年底，方儉與詹茹惠二人初次相識，他第一次了解到 Blueseeds 的經營策略，與這家社會企業的獨特目標：「當詹茹惠第一次提到 ESGselect 的概念時，眼睛充滿著光彩，我彷彿看到了二〇五〇年世界達到溫室氣體淨零的景象。」方儉回憶說。

長期從事供應商品質系統的培訓工作，方儉相信真實、溯源是所有管理的基石，國際上的 ESG 因為沒有公定標準，經常是企業自說自話，有些人將掃馬路、淨灘作為環保的動章，但今天掃乾淨了，明天又髒了，沒有解決源頭，只是浪費資源。

方儉以過去從事品質、標準化、供應鏈管理的豐富經歷，與 Blueseeds 攜手推動「台灣小農種碳專案」，將小農集合起來，參加國際減碳機構黃金標準（Gold Standard）的認證，而小農的產品搭配環食農教育、生態旅遊、性別平等、合作經濟、多元文化等主題，可創造出實際量化的 SDGs，再將 SDGs 轉化為可量化的 ESG 績效，只要企業進行認購或贊助，就能納入其 ESG 投資組合中。

投資我們的星球

二〇二三年四月二十一日世界地球日當天，詹茹惠與方儉在台北市長官邸藝文沙龍聯手舉辦了「小農種碳 ESG 投資博覽會」，共有三百位來自台東、花蓮、宜蘭等地的小農參與此次計畫，同時號召大家一起響應二〇二三世界地球日的主題「投資我們的地球」(Invest in our planet)，鼓勵各大企業支持淨零減碳的信念，投資小農的自然基礎碳權，推動環境議題的友善共生。

所謂的種碳（carbon farming），是指將二氧化碳從大氣中存到土壤裡，增加土壤蘊含的有機碳。根據統計，農業的溫室氣體排放占人為排放的四分之一，而增加土壤有機碳正是最佳的減碳途徑，從國際到台灣都開始積極推動小農種碳的行動，目標是每年增加土壤中千分之四的碳。

種碳的方式包括減少翻耕、減少過度使用肥料與農藥，使用堆肥、生物等固碳資材，有效增加土壤有機碳，維持土壤中的微生物健康與多樣性，不僅減少農業碳排放，更讓土壞成為最大的碳匯，並可促進糧食安全、增加農民產品品質與收入，一併解決了環安、農安、食安等問題。

此外，小農種碳計畫還可對標 SDGs 中的六項目標：「SDG 2：糧食安全」、「SDG 3：健康與福祉」、「SDG 4：優質教育」、「SDG 8：尊嚴工作與經濟成長」、「SDG 12：負責任的消費與生產」、「SDG 13：氣候行動」，且順利通過黃金標準審核，成為台灣第一個國際自願性減碳的專案，預計二〇二四年就能產出台灣第一批國際認證的小農碳權。

從 ESGselect 平台的催生，到小農種碳計畫的推動，可以清楚看到詹茹惠秉持著良善對待土地、健康回歸自身的共好信念，持續透過結盟與倡議，讓更多人關注到台灣的環境與社會議題。

從燒冷灶到風口浪尖

在科技業練就了觀察趨勢、掌握先機的功夫，詹茹惠早在 Blueseeds 成立之初，就積極倡議企業社會責任、ＥＳＧ、SDGs等觀念，當時有股東認為她在「燒冷灶」，因為整個社會還沒有那樣的氛圍；不過，到了二〇二一年之後，包括政府部門、企業、民間都在熱烈討論ＥＳＧ，她也經常受邀去環境永續的活動發表演講，一時之間Blueseeds似乎站上了風口浪尖。

當時詹茹惠跟那位股東說，「我欠的是東風，只要政府跳進來，鼓勵或要求大家做ＥＳＧ，就會把這把火燒起來！」許多人誇詹茹惠是先知，她只是輕描淡寫地說著：我們從整個社會獲得太多了，理應承擔起應有的社會責任，不管是企業社會責任、ＥＳＧ或SDGs，都是取之於社會、用之於社會的善意。

事實上，Blueseeds不僅通過世界Ｂ型企業組織商業影響力評估（ＢＩＡ），獲認證為對世界、對環境、對利益相關者包容永續的企業，且致力於實踐聯合國對於環境保護、社會責任和公司治理的規範，在十七項指標中達成十項（請見表7-1）。

此外，Blueseeds還推出ESGift及ESGselect平台，其中ESGift是協助企業透過綠色責任消費來達成ＥＳＧ目標，讓環境友善、社會公益、社會共好不至於成為各企業漂綠的口號；

ESGselect 則是支持在地小農透過友善農法，生產無人工化學添加的作物，投入高價值產品，並輔導他們參與小農種碳專案，再號召企業一起投資小農的碳權。

「ESG 也是一門好生意，」詹茹惠堅定地

表 7-1　Blueseeds 實踐十項 SDGs 指標

SDG 1	**消除貧窮**	長期扶持偏鄉小農／原住民，契作種植，增加穩定收入 [1.4]
SDG 3	**健康與福祉**	「自己的洗沐用品，自己種」——以純天然香草，拒絕環境賀爾蒙 [3.9]
SDG 4	**教育品質**	「碧湖國小農私塾」——孩童環境教育從小做起 [4.7] 「台東農私塾」——傳授小農農耕技術 [4.5]
SDG 6	**乾淨水與衛生**	堅持零化學添加，大幅降低生活汙水量 [6.3]
SDG 8	**就業與經濟成長**	青農返鄉、地方創生——扶持偏鄉的社會價值 [8.6]
SDG 10	**減少不平等**	提供合作契作農保障，實現公平交易 [10.4]
SDG 11	**永續城市**	「認養一畝香草田」生態參訪，拉近都市與農作的環境連結 [11.a]
SDG 12	**責任消費與生產**	Buying Power 社創良品與社創名人堂肯定 [12.7]
SDG 13	**水中生態**	大幅降低生活汙水量，維護水中生態 [14.1]
SDG 15	**陸地生態**	參與小農種碳，提升土壤固碳能力 [15.3] 以「自然農法」復育土地，恢復農地生態多樣性 [15.a]

說，這幾年在全球疫情肆虐下，國際社會正加速透過ESG投資的具體行動，鼓勵具有相關理念的企業，達到改善地球環境的永續目標，ESG已經躍居投資新亮點。

成為企業的ESG夥伴

Blueseeds不僅止於獨善其身，還要兼善天下。詹茹惠以復育土地、支持小農與原民偏鄉就業、社會創新與公益的經驗為基礎，進一步推動「ESGift全方位服務行動」，邀請企業共同參與。企業可選購台灣各地的莊園級優質商品，提供股東會、年節伴手禮、企業聯名商品、員工天然洗沐訂閱等選擇，還可根據企業需求打造獨一無二的客製化香氛商品。

除了讓客戶及員工透過大自然的療癒力呵護健康、安頓身心外，另外也可結合食農教育工作坊、參觀台東示範農場與工廠、小農幫手志工活動、特殊的農作採收及節慶活動，展現企業在環境永續、綠色消費、多元與健康職場、社會公益等方面的社會責任，藉此提升企業品牌形象，共同擴大社會影響力。

迄今 Blueseeds 已與二十五家上市櫃企業攜手，累計採購金額突破千萬元，因為成效卓著，自二〇一八年起連續六年獲選為經濟部「Buying Power 社創良品」，在二〇二三年績優介紹年度入選的八十家社創組織中，Blueseeds 更是排名前五名的社企領航者，二〇二一年起也連續二年入選為「社創名人堂」的社會企業。

跨界合作實現永續價值

Blueseeds 不僅每年獲得經濟部的社會企業指標獎項，也是國際上社會創新與永續獎項的常勝軍。二〇一九年獲得「亞太社會創新合作獎」（Asia Pacific Social Innovation Partnership Award），表彰他們以自然農法在台東復育土地種下善的種子，並與非營利組織合作共好的努力。

這個獎項是針對亞太地區具顯著社會影響力的社會創新合作夥伴案例所評選，須以實踐 SDGs 為核心價值，橫跨環境永續、社會和諧、經濟共榮三類別，Blueseeds 在環境永續這個類別獲獎。詹茹惠認為，社會企業也要有好的商業模式，在守護土地及消費者健康的同時，我們也不斷思考如何跨界合作，支持非營利組織一起實現永續價值。

二〇二〇年，Blueseeds 將區塊鏈技術導入香草契作農的產銷履歷，在 Hit FinTech 金融科技高峰會，榮獲第二屆年輕世代金融風雲榜「最具社會影響力應用」。Blueseeds 採取從產地育苗、種植、工廠加工、調製、包裝到銷售一條龍經營的模式，為了在消費市場建立可信賴、透明化的產銷履歷，其將自然農法種植過程的資料上鏈，包括育苗是否符合規範、香草何時採收、萃取成商品過程等製程在內，消費者透過 app 就能快速溯源，並查詢所購商品的完整產銷紀錄，實現責任生產、安心消費的目標。

二〇二一、二〇二二年，Blueseeds 也大放異彩，除了獲得「B 型企業：Best For The World 對世界最好社區扶植面向大獎」、全國商業總會「第三屆品牌金舶獎」ESG 管理績效獎，也獲頒台灣社會企業永續發展協會（Association of Sustainable Social Enterprise of Taiwan, ASSET）第二屆社會企業永續發展獎「綠色產品暨服務獎」，並在台灣永續能源研究基金會舉辦的首屆「TSAA台灣永續行動獎」中獲得「SDGs陸地生態組」獎項。

二〇二三年，Blueseeds也在台北市英僑商務協會舉辦的第七屆BCCT優良企業貢獻獎（Better Business Awards 2023）中榮獲Social Enterprise「社會企業獎」特優。該獎項針對七大領域檢視企業永續發展績效之連結性、創新與其達成的效益，選拔對企業永續發展和社會責任有具體績效的個人與企業團體，每年均有上百單位投件參賽，期待藉此帶動更多單位塑造良好的社會責任文化，落實企業永續發展的行動。

引領社會創新的風潮

台灣永續能源研究基金會董事長簡又新，本身也是一畝香草田的認養人，對於Blueseeds致力於推動契作及自然農法的理念相當認同，他大讚Blueseeds能兼顧經濟、環保、公益與永續，堅持自然與人本的價值，使生活在同一片土地的人們，不再受到環境荷爾蒙的危害。

他觀察全球社會企業與社會創業的風潮，正在產生一場新的公民自覺與自發運動，不但模糊了社會與企業的界限、轉化了非營利組織的思維，甚至改變了政府的公共政策；他期待未來能有更多像 Blueseeds 一樣的社會企業，透過新的商業模式，解決更多社會問題，並將永續思維融入企業經營策略及方針，與台灣及世界共好。

「一開始，大家覺得我是傻蛋，怎麼一直在挖這口井，但我持之以恒、挖到下方的水源時，那個泉水將會洶湧而出、川流不息。」詹茹惠憑藉自己獨到的遠見與恆心，相信這件好事不僅能夠回報個人、土地與環境，更將迎向龐大商機，吸引更多人投入賦原經濟的善循環當中，匯聚成廣闊河川，讓大地更為豐饒。

08

從農地到心地的距離

台東的位置剛好迎接太平洋第一道風，日照充足，土壤純淨，透過自然農法翻土、下苗、澆水，種植出最優質的香草。越來越多人加入 Blueseeds 守護土地的行列，體驗到與自然共生、社會共創的美好，紛紛從接收者起身成為參與者。

但詹茹惠知道這遠遠不夠，她不僅助力小農，更以社會企業的精神關懷原民、女性、弱勢孩童，透過身體力行，推展環境友善、社會責任與農創產業之間共生共益的可能性，也期待能從根源徹底改善我們的食安、健康、農業、環境等問題；她深信，只要有明確的願景、策略與行動，從每個人的觀念思維改變做起，便是翻轉社會的最佳起點。從農地到心地的距離，一點都不遠。

農場私塾教育進入國小

在台北市近郊，有一間被稱為「都市裡的森林小學」的國小——碧湖國小，因為校園周遭與綠意相伴，學校也以提倡「環境教育」和「能源教育」聞名。

碧湖國小前校長藍惠美與詹茹惠因 Blueseeds 而結識，二人費心思索，如何結合雙方資源，將 ESG 觀念、環保教育、商業概念與社會議題串連，讓學童透過實作感受與土地間的連結，也藉此培養孩子多元的思考能力，而不僅是告知孩子「該做什麼」、「不該做什麼」，於是她們決定攜手合辦「碧湖農私塾」，希望讓小朋友從小就接觸天然植物、了解香草的應用，並培養環保愛地球的觀念。

為此，Blueseeds 提供專業的物力、人力與經驗知識，並親自教導學生種植香草，由六年級小朋友們在校園中栽種了十多種香草品種、共種下了三百株的肥皂草，在畢業後將傳承給五年級的學弟妹接力照顧。

如今，碧湖國小的各個校園角落，都搖身一變成為香草植物園，由小朋友們組成花香小志工，負責澆水、除草等工作；家長也成立園藝志工，研究並負責香草的栽種與使用，課程中還加入香草蒸餾課程，讓小朋友們學習到從種植香草到製成精油的過程。

Blueseeds 與碧湖國小還計畫培養小朋友成為小小導覽員，讓他們成為環保小尖兵，不僅增進表達、溝通及資訊整合能力，也讓他們對食農產業鏈包含農事體驗、營養美食、認購產銷、推廣分享有更完整的認知，建立從原料到產業行銷、土地到生活健康的思考架構。

用心守護孩子的心田

「有時心中會有一個魔鬼，驅使你往壞的地方去想。」回憶起自己與躁鬱症對抗的種種經歷，詹茹惠感慨地表示，社會上有太多人處在高壓環境中，無處釋放，最後演變成心理疾病，嚴重者甚至喪失求生意志。若能讓孩子們從小就學會精神疾病相關知識，以及調適紓壓等方式，彼此互助，不再獨自面對負面情緒，就能減少許多情緒上的困擾。

因此，當全台第一家關心情緒健康的社會企業——「用心快樂」向 Blueseeds 提出合作邀請時，詹茹惠二話不說便慨然允諾，著手規劃一系列的公益課程、產品與活動，對於精神健康的照護推廣，她自認責無旁貸。

「用心快樂」由趙士懿創辦，他本身曾是重度憂鬱症的病患，不僅無法踏出家門，還時常會有一了百了的可怕念頭，於是當他有能力走出陰暗後，便發願創辦一個幫助精神疾病的社會企業，推廣憂鬱症防治。

教育便是其推動憂鬱症防治的主要媒介之一。「用心快樂」致力於兒童情緒教育，將藝術文化帶入偏鄉學校，教導孩童正確的憂鬱症相關知識，讓孩子們學習如何處理自身情緒的同時，也能同理他人的處境，成為別人困境中一抹溫暖的馨香。

另一方面，課程會由台灣新銳藝術家引導孩子們創作，透過藝文創作紓解壓力，並將作品衍生成文創商品，商品販售後再分潤給學校，補足特殊兒童心理輔導、急難救助、營養午餐及多元課程師資等經費缺口。

Blueseeds 與「用心快樂」二家社會企業也在產品上合作，將偏鄉兒童充滿童趣的畫作，變成 Blueseeds 的禮盒包裝設計，推出「天然喜沐呵護禮盒組」，藉此喚醒消費者對精神健康議題的重視，讓更多人知道「用心快樂」的心意，並將一部分利潤投回兒童情緒教育之中，從購買商品變成改變社會的參與者。

弱勢孩子的避風港

「每一個孩子，都值得成為很好的人，」這是台東「孩子的書屋」創辦人、人稱陳爸的陳俊朗的起心動念。他在一九九九年重返台東故鄉，從陪伴偏鄉的孩子開始，進而思考什麼才是他們真正需要的。

這些長期被忽略的孩子，或許因為家庭結構不完整，或許因為教育資源分配失衡，也或許因為社會資源匱乏等問題，導致無法受到妥善呵護而茁壯，甚至陷入無助、掙扎、無奈、放逐等境地；基於「讓孩子能真正立足在社會上」的想法，陳爸在台東成立了「孩子的書屋」，迄今超過二十年。

書屋就像一個家，每個人都可以是孩子的父母兄姐，受委屈時有人安慰，調皮使壞時有人包容，在充滿愛的環境中，孩子心中的裂縫慢慢被填補，產生了動人的改變。

二〇一九年陳爸驟逝後，由長子陳彥翰接班，「孩子的書屋」現有九間書屋，每日課後陪伴約二百位孩童，不僅設置中央廚房供餐，還涵蓋教學、運動、音樂、產業、農業、營繕與社服等七個面向，更成立農業班與工班，打造自己的菜園與書屋建築物，讓孩子逐漸找回自信與學習的樂趣；另外也推出「黑孩子黑咖啡」計畫，由工班自立改建咖啡屋的建築，並邀請專業咖啡老師教授沖煮咖啡技術、內場餐點準備及外場服務學習，讓青少年習得一技之長。

將台東視為第二個故鄉的詹茹惠，一直關注台東小農與原民的就業問題，她很早就注意到「孩子的書屋」在台東照顧弱勢孩子的善舉，因此特別在「認養一畝香草田」的計畫中，提撥五%認養金給「孩子的書屋」作為公益使用，並引發大眾對偏鄉孩子教育和未來就業議題的關注。

此外，Blueseeds 還特別提供書屋的原住民孩子們工作機會，讓他們學習簡易且安全的包裝加工，靠自己的能力賺取收入，這些產品的每筆收入也會捐出五%的金額給「孩子的書屋」，共同為了善的目標一同前行。

讓女性綻放馨香

以一介女流之姿，徜徉在電子業的複雜理路，再從生硬難解的企業文化中汲取知識與經驗，開創事業第二春。在這條路上，詹茹惠看似如魚得水，但她在職場上也經歷過一些不公平的眼光，尤其在踏入香草行業後，接觸到許多女性使用者，當她走進這些人的生命故事，觸碰到一些不為人知的傷疤，對她們身處就業、成長與生活的各種困境，更能感同身受。

「我其實滿認同武則天的，因為她展現出女性愛自己的模樣。」許多人很難想像，現今看似平權觀念相當先進的台灣社會，每年仍產生數以萬計的受虐女性問題，其中更有許多年輕、生命剛萌芽的少女們。詹茹惠感慨於此，希望以社會企業的力量，貢獻一己之力，於是她找上了勵馨基金會。

勵馨基金會是由一群虔誠基督徒所創立的組織，主要關注於受虐婦女與孩童的社會議題。自一九八八年以來，從因應人口販運而建立的少女中途之家，再到處理源頭的家暴、性侵問題，直至拓展到性別暴力、女性議題等相關服務，勵馨基金會總共設立了超過五十個的服務據點，範圍含括台灣十五個縣市，而統計至今，每年服務了將近二萬名的倖存者脫離性暴力影響，找尋目標、展開新生活。

Blueseeds 於二〇一八年起就跟勵馨基金會攜手展開多項合作，其中包含「多陪一里路」×「認養一畝香草田」公益計畫、「勵馨 × 芙彤園」防疫系列商品，從撥出一〇%收益給勵馨基金會，及支持勵馨便可獲得 Blueseeds 產品，再到勵馨捐款者購買 Blueseeds 產品即捐贈二〇%收益等；透過分享資源的方式，協助他們突破與社會之間的隔閡，藉此保護這些婦女與孩童，幫助他們走出自己的一片天。

隨著 Blueseeds 的量能越來越充足，給予勵馨基金會的支持也越來越多元。Blueseeds 也會親自關心勵馨基金會中的婦女、孩童與少年少女們，例如舉辦「歲末傳愛，助她溫馨過年」活動，贈送一萬份天然奇妙薄荷防護膏，即便只是小小的愛心，但在新年將至之際，給予一份暖暖的力量，讓她們想起的不再是痛苦的回憶，面對的也不再是黑暗的明天，而是充滿光明與希望的一年。

勇敢揮出女力

另一方面，Blueseeds 也積極耕耘社會公益的土壤，期望讓女性的堅韌力量能在各地開花結果。這次並不是在滿溢芬芳的香草園上，而是在充滿陽光與熱血的棒球場上。

「我很喜歡維納斯女神的故事，因為我覺得女人應該為自己而活，不應該被這個世俗框架住。」當詹茹惠透過勵馨基金會，結識任職於新北物資中心專案助理，並為台灣首位獲得中華民國棒球協會認證女性裁判的劉柏君時，她二話不說便答應贊助「台灣女子棒球運動推廣協會」。

「執行長非常重視女性平權倡議的活動，贊助協會的同時，更與我們共同合作舉辦了『芙彤盃國際女子棒球邀請賽』。」劉柏君回憶起與詹茹惠相識的種種，有種相見恨晚的欣喜，更為著遇到同為女性權益奮鬥的志同道合夥伴而感到開心。

二〇一九年五月，台灣有史以來最具規模的女子棒球運動賽事——二〇一九芙彤盃國際女子棒球邀請賽熱鬧登場，來自日本、香港、馬來西亞的女性棒球高手們齊聚台灣的土地上，彼此交流與競賽，熱血與精彩程度完全不亞於常見的棒球賽事，她們透過自己的身體力行，重新詮釋了棒球項目的競技精神，同時展現更多的自信、健康與活力！

「即使沒有男生般強壯，女生也可以竭盡所能去打棒球，因為全力以赴、永不放棄的態度才是最重要的！」女子球員吳愷藍表達參與球賽後的感動，更大讚第一次接觸Blueseeds，便看到Blueseeds對女子棒球的付出為其他企業樹立了榜樣，而對於詹茹惠而言，這些女子球員們在賽場上揮灑汗水、勇往直前的身影，也是最美麗的一片風景。

精油中的三位女神

詹茹惠對女性議題高度關注，與她早期在電子業時，目睹同業高階主管承受的身體與心理壓力息息相關，「他們都有不為人知的、辛苦不堪的那一面，而我們看到的他們，都只有風光亮麗的表面。」當自己藉由精油而重獲新生，詹茹惠同樣也希望經由純天然的香氛產品，療癒女性傷痕累累的身心。

Blueseeds 有款明星商品「女王精油」，就是這樣應運而生。

「很多女性心中有很深的裂痕，需要一種放鬆、舒緩的力量，讓她們可以減輕痛苦，不要獨自承受那麼多壓力！」詹茹惠很能體會這些女性的內心，因此特別調製了一種複方精油，希望成為一種修補劑，試著把她們內心的縫隙填補起來。

女王精油的成分中，包含薰衣草精油、柑橘精油、橙花精油、依蘭精油、金銀花精油，各自帶來不同的感受——薰衣草有修復的作用，柑橘充滿甜蜜的香氣，伊蘭讓人聯想到愛情，橙花則是一種女王的味道，提醒她們要寵愛自己。

追溯女王精油的設計原型，其靈感源自古今中外的三位女性，包括武則天、維納斯女神及莎巴女王。

武則天是個很有能力也很有權力慾的女性，她想做什麼就做什麼，不計較世俗的眼光，代表勇敢做自己的女性，維納斯女神從海上踩著貝殼而來，本身就是愛情的象徵，勇於擺脫世俗框架、為愛而活。

而蘊含於女王精油的最後一位女性特質，則是莎巴女王，「她創造了一個幸福快樂的國度，這裡無憂無慮、無邊無際、無始無終，她的人民不知道什麼是風吹雨打、顛沛流離。」在莎巴女王的角色中，充滿母親愛護子女、君王照護子民的大愛。

詹茹惠為了表現出這樣的精神，在創作調製女王精油的過程，竟開發了半年之久，她在調香時常以《莎巴女王》的琴聲旋律為背景，讓五感都進入到女王的情境中。

一位象徵母親的無私給予，一位象徵追求愛情，一位象徵發揮能力、掌控權力，最終，她把這些對女性的祝福與期許，匯集成女王精油，希望能夠替所有女性傳遞自己的故事，並帶來修護身心、養顏美容的力量。

當美麗神話與傳奇女性人物，都融入到 Blueseeds 的產品與文化中，似乎也隱含著詹茹惠的期許：伴隨著 Blueseeds 的成長茁壯，她為不同階層的女性全心栽培的這片田地，也會蔚為一方天地，讓大家都能從香氛出發，重新找到身心平衡、幸福快樂的天堂。

擁抱大地的母親

小米稻穗織成的髮、百合花裝飾其上，微笑著的綠色臉龐，Blueseeds 的 logo 上繪製的是一名原住民女性，是台東阿美族語「Dimokos」代表的大地之母，正與 Blueseeds 一路以來協助原住民發展綠金產業、地方創生與藝術文化的行動相互呼應。

Dimokos 在族語中意謂著關懷與照顧，展現原民部落中，人與人緊密相連的核心精神，也象徵來自土地最深厚的力量，正如滴下的精油種子往上生長成最純淨的呵護，初萃等級的關懷圍繞在人們的周遭，外圍則象徵生態正向循環，可以呵護家庭、滋養大地，造就最良善的循環。

成為轉動共好價值的齒輪

Blueseeds 積極與台東長濱、東河、知本等地的在地小農合作，提供技術、資源及資金，幫助契作農學習以自然農法栽種香草，走入他們的契作地，你會發現其中有許多都是原住民青年。

越是靠近，越有感受，詹茹惠在與原住民契作農來往的過程中，了解當地產業衰退與文化流失的現象，比起單純的事業夥伴，作為社會企業，Blueseeds 相信自己有做出更多行動的責任，幸運的是，還遇到了不少志同道合的夥伴。

誠美企業董事長陳百棟對於 Blueseeds 以「復育土地」為核心精神，所推廣的ＥＳＧ產業深表認同，後來不僅開放「金山玖號」大樓給 Blueseeds 免費進駐，還與 Blueseeds 在原住民復育、支持原民藝術文化的路上攜手並進。

陳百棟所成立的誠美企業，是一家扶植原住民文化、推廣原住民當代藝術的社會企業，在二〇一六年促成「TICA Art Gallery 台北原住民當代藝術中心」成立，讓原住民創作者擁有一個都會型的當代專業畫廊及展演空間，得到更高自主性的表述空間，提高市場價值。

陳百棟發現，Blueseeds 不僅是收購小農的產品，而是將小農們規劃進產業鏈之中，讓他們成為其中一個齒輪，且共享產業所帶來的利益，同時還針對原住民的狀況量身打造適合的合作模式，再將收益投入原住民農業與文化發展的前景之中。

「我們常常眼看著非常好的經濟作物，卻無法有效提煉、生產、包裝、行銷，更談不上原住民該如何系統化地規劃產品、籌措資金、有規模及效率地行銷管理以增加市場競爭力，」陳百棟直指痛點，因此對於 Blueseeds 真正打造保育土地、具發展性、增加小農收入的產業鏈的做法特別推崇。

事實上，這正是詹茹惠向電子業取經所建構的共好價值鏈的一部分，背後的價值不僅是收購或銷售的數字，而是將耕地管理的觀念在無形之中教給了當地小農，此外並透過規模化、產業化的效益，讓原住民學會增加農產品附加效益，拓展出更高的農業經濟價值。

傳頌原民文化的故事

隨著與原住民交流得更深入，Blueseeds 也愈加熟悉他們的文化，借重誠美企業在原住民當代藝術的推廣經驗後，也讓他們得以摸索結合商業行為與文化實踐，攜手展開各項保存、行銷原住民文化的活動，為的就是在挖掘土地中的綠金外，更要傳頌土地蘊含的故事。

一如陳百棟所言，「對原住民創新農業來說，如何提升農產品的價值，一直都是一個難解的題目！」其實放眼原住民的所有相關產業，包含文化藝術在內，都是一樣的道理，偏鄉資源所導致的差異，讓他們在新興產業總是無法贏在起跑點。

於是，Blueseeds 決定從根源做起。詹茹惠與台東的農創夥伴開辦農私塾，教育原住民孩子們關於植物、關於土地的環保觀念，從小建立起自然農法與農業經濟的產業概念，種下復育土地的種子；而誠美企業則銜接偏鄉部落，引入兒童藝術教育，讓他們自小培育講故事的能力。農創與文化齊頭並進，將產業觀念向下扎根的同時，也為將來的藝文產業培育新苗！

Blueseeds 與誠美企業也一同發想、設計新的產品，希望設計出一款結合藝術與台灣天然香草、頗有獨特性的特色商品。為此，誠美企業找來了布農族藝術家依法兒．瑪琳奇那（Eval Malinjinnan）合作，思考從盒裝、瓶裝的外觀設計，再到精油與藝術品要如何呈現出統一的風格，接著配合 Blueseeds 的香草知識與調香經驗，進一步思索能夠帶給消費者何種創新感受與療癒效果。

依法兒長期觀察原住民議題，她注意到原住民傳統文化流失的處境，因此不斷思考如何以文化橋梁為使命，讓更多人了解傳統文化、榮耀台灣珍貴的多元文化，她以融合古典與現代、充滿國際觀的視覺表現，融合精油氣味、洗沐用品在生活中的地位，設計出兼具美觀與實用，又充滿故事的禮盒產品，裡頭包含洗沐用品、護手霜、護唇膏，吸引不少喜歡原住民文化及依法兒的粉絲購買。

幫助文大原民學生

在都市的那一端，Blueseeds 也在中國文化大學（以下簡稱文大）的大學社會責任（University Social Responsibility, USR）中貢獻心力，在文大的「原住民族學生資源中心」

一同輔導原住民族學生，提供就學補助與實習機會、培養專業能力、職涯輔導、參與原民地方創生創業等面向的一站式服務；此外，也在農經、商管相關專業教授的帶領下，經由參與 Blueseeds 的生產、行銷、社會創新企業的經營，讓學校、企業、原民社群和自然環境共生共好。

為此，Blueseeds 將原住民學生帶到香草田，以另外一種視角，讓同學思考部落發展的挑戰與機會，並鼓勵同學將自己在高等教育中獲得的長才，再度投入原住民族的產業中，在復育土地、保障健康、穩固生活的同時，還能為產業前進的方向找尋出更多可能，將部落的文化傳遞出去。

Blueseeds 與文大的合作也延伸到產品開發上，以台東自然農法種植的香草為原料的「海鷹」洗沐聯名禮品，及對應傳統二十四節氣結合舞蹈治療概念的「舞動節氣卡」，該系列產品包裝特別採用文大榮譽博士、嶺南畫派大師歐豪年畫作〈海宇清濤〉作品加持，於二〇二一年獲得經濟部頒發「社會創新暨新創採購」參獎，是唯一獲獎的大學院校。

文大永續創新學院院長方元沂表示，因為參與推動公司型社會企業的修法，而結識

Blueseeds 的創辦人詹茹惠，當時即對 Blueseeds 不管是否獲利、將公司營收五%捐助公益的社會使命寫入公司章程，而留下印象深刻。Blueseeds 堅持商品的原物料來源，均來自使用自然農法種植的農場，並且輔導原民種植，聯合原民一起復育土地，並重視與原民的互動與商品參與，是一家真正在落實友善環境、土地復育的社會創新企業。

二〇二三學年度開始，文大永續創新學院更與 Blueseeds、台灣舞蹈治療研究協會合作，由文大科技藝術研究所教授林玉琪帶領學生到台東，在土地的懷抱中，聞著香草與海洋的味道，透過身體的感知與體驗，進入身心合一的狀態，真實地感受自我、他人、土地與環境之間的連結，找回蒙蔽已久的想像力與創造力，同時產生對在地文化與土地根源的認同。

方元沂期待大學和社會企業深化合作，集結更多理念相近的世代和夥伴互相支持，形成正向循環，注入更豐富的內涵與能量，喚起年輕學子參與社會、關懷人群的熱情，以及扶持偏鄉的行動。

原漢共好的境地

「Blueseeds 投入的香草事業，以友善土地的自然農法與台東原住民農民契作合作，和我們投入台灣原住民當代藝術推廣的志業一樣，也是在經營一段時間之後，才『被發現』具有社會企業的屬性。」綜觀誠美與 Blueseeds 一路走來的過程，陳百棟留下了這段註解，也恰如其分地詮釋了社會價值逐步發酵，才能漸漸出現在大眾視野中的特質。

儘管是個緩慢甚而有點吃力不討好的道路，Blueseeds 與誠美企業都發揮無比的韌性與堅持，從產業鏈到教育層面，不放過任何一個推廣原住民產業與文化的方式，並不斷找尋方法種下良善的種子、擴展可能的商機。

清風撫過綠葉，香草的氣息承載著輕哼的山歌，太陽照亮了黝黑而結實的皮膚，滿園的香草都在隨風搖曳。無論是立志要復育土地的 Blueseeds，或者協助傳承原住民文化的誠美社會企業，都會在這片土地上持續深耕，流出牛奶與蜜，實現原漢共好的境地，像 Dimokos 一樣展露笑顏。

「永續，不只是故事，而是一起參與的進行式！」詹茹惠期待，透過 Blueseeds 在環境復育與社會共好的努力，結合勵馨基金會、陽光社會福利基金會、新生命資訊服務、台北市視障者家長協會、國立歷史博物館等社會公益與文創公益的夥伴，加上認同我們理念的台灣企業與跨國企業，一起打造共好循環圈，假以時日，這些到處散布的種子，終會成長茁壯，得以持續放大我們的 ESG 影響力！（請見表 8-1）

表 8-1　Blueseeds 與夥伴攜手共創永續價值

社會公益
- 勵馨基金會
- 陽光社會福利基金會
- 新生命資訊服務公司
- 台北市視障者家長協會

環境復育
- 永續地力耕作
- 生態系保育
- 農廢水零汙染

社會共好
- 契作小農
- 原住民
- 家庭

香草小學堂

薰衣草

薰衣草的栽培與使用歷史已有好幾世紀，且種類繁多，目前已知的薰衣草就有二十多種。薰衣草精油有「精油之母」的稱號，它的性質溫和、氣味香甜細膩，如同母親帶給我們安穩放鬆的感受，是有名的紓壓香草，最常用來舒緩肌膚不適、幫助肌膚修復，並有紓壓及助眠的效果。

薰衣草自古就廣泛使用於醫療上，例如治療皮膚燒燙傷或舒緩發炎後帶來的不適感，除了具備舒緩肌膚的特性，也與茶樹精油並列為二大抗痘神器，當痘痘紅腫發炎時，可用茶樹精油淨化，在痘痘收斂癒合的時候，則可使用薰衣草精油加速修復。此外，薰衣草的功效還包括安定心神、改善睡眠、消除腸胃脹氣、抗氧化等，適合用於擴香、泡澡或稀釋後按摩使用。

柑橘精油

主要生長在熱帶與亞熱帶的柑橘，也是台灣常見的水果之一，有著物美價廉的特質。柑橘皮含有大量的脂肪腺體，精油成分也多儲存於此，柑橘果皮提煉的精油，使人振奮心神、舒緩消化不良造成的併發症狀；柑橘的葉子也能提煉精油，與果皮有著類似的功效，但氣味較為清甜，能夠交互搭配，產生更多元的香氣。

大家對柑橘精油的味道都不陌生，其甜美清新的香氣使人頭腦清醒並覺得充滿活力，有助於放鬆交感神經，具備安撫、提神、振奮精神、平復沮喪與焦慮的作用，帶來滿滿的正向能量；此外也具有護膚、護髮的效果，對於調和消化道特別有用，具有刺激腸胃蠕動、排氣、刺激食慾的功效，可改善消化不良、肚子漲氣、胃潰瘍、壓力性胃炎等症狀。

柑橘精油被譽為溫柔的精油，其效果相當溫和，包括嬰幼兒、孕婦、長者都可放心使用，法國人稱它為「天然兒童藥水」，可改善兒童的消化不良和打嗝等問題，長輩和體質虛弱的人也適合使用。

依蘭

你可能沒聽過依蘭這種植物，但如果講到香奈爾五號的經典味道，大家一定都不陌生，依蘭被稱為是香水界的寵兒，在許多香水或精油的配方中都看得到依蘭的存在。

依蘭來自熱帶地區，名字源自英文「Ylang Ylang」，有「花中之花」的別稱，因為具有濃烈的香氣，又被稱為「香水樹」，通常是以黃色的花朵來萃取精油，其味道帶有甜美的花香與濃郁的大地氣息，且充滿異國風情。

在心理上，依蘭精油能夠排解焦慮、失落等負面情緒，帶給人幸福愉快的感覺，也有讓神經系統放鬆的效果，可降低血壓、抗痙攣。當然，依蘭精油最為人所知的作用是平衡女性荷爾蒙、滋養生殖系統，不管是想要懷孕或是產後的婦女，都很適合用依蘭精油陪伴自己。

依蘭精油的花香很適合用於臥室，不僅可以減輕壓力、產生助眠效果，也能為伴侶帶來浪漫的氣氛，重燃彼此的熱情。相傳埃及豔后也很喜歡使用依蘭香氛，可襯托出女性的性感魅力。印尼傳統有個習俗，在新婚之夜時會將依蘭花瓣灑在新床上，希望激起二人的濃情蜜意。

渴望複方精油

渴望複方精油，是改善性無能、性冷感的特殊配方。在我們的日常生活中，性是我們適當釋放壓力的幫手，也有可能是造成愛人彼此關係緊繃的推手，為此，以貼近日常、從生活改善健康品質的 Blueseeds，以有「催情聖手」之稱的依蘭作為主調，傳說埃及豔后利用以催情的它，其馥郁的花香能夠勾勒女性的迷人魅力，增添情趣，加上左手香、山胡椒、快樂鼠尾草的淡雅清香，以及丁香花的清新芬芳，更能將使用者的吸引力予以立體化。

除此之外，也能撫慰焦躁與沮喪的心情，勾起對性的想像，進一步讓彼此的感情升溫。無論是擦拭在男方的腰椎、胯下周圍，或是女性的事業線等位置，都能帶來溫暖充實的性能量。

PART 3

堅持善的循環

——共好，才能越來越好

09

走進美妙的香草天堂

「Blueseeds 正在建構美麗的香草天堂，讓我們人類與自然共享合一的美妙體驗！」這是 Blueseeds 其中一位使用者，在使用過產品、參觀過香草園後寫下的見證。對詹茹惠來說，點點滴滴的回饋，是她在忙碌生活中最大的慰藉與支持力量，只要世界上多了一個人，透過她研製的香氛產品獲得身體、情緒或生活上的改善，世界就多了一份正向的能量。

詹茹惠發現，使用精油的族群當中，六〇至七〇%都有情緒方面的問題，其他還有過敏族群，或者有失眠、失智、酸痛等狀況。在現代化的社會中，不僅工作繁忙、壓力大，又身處在充滿過敏原的環境中，透過精油不僅可以減少過敏原，還能改善睡眠品質、調整情緒、減緩酸痛，只要正確使用，就會產生它的功效。

在科技業奔波拚命的時代，詹茹惠因為壓力備受失眠、焦慮、憂鬱之苦，因在歐洲偶然與精油相遇，才得以獲得解脫。深知精神疾病帶來的身心靈影響，以及對生命的潛在危害，詹茹惠在創立 Blueseeds 的同時便默默下定決心，同樣要以精油的力量，去幫助每一位客戶，更常常扮演心靈導師，成為顧客、學生們的傾聽者與引導者。

因為自己是過來人，透過精油改善了失眠、皮膚病、焦躁等情況，因此只要知道身邊有人患了憂鬱症、失眠或掉髮等問題，她就會「雞婆」地送精油給他們用，並且表示：「如果能夠改善問題，對你有好處，不是我的功勞，要感謝你們自己，你們選擇了我的用心、我的誠意。」

有位股東的兒子，入伍後放假回家，發現頭皮與皮膚都紅腫發炎，詹茹惠建議他改用 Blueseeds 的洗髮露與沐浴露，沒想到一、二個禮拜就明顯改善，從此全家人都變成 Blueseeds 的信徒。

另外有一個族群，是每天都要寫黑板的老師，老師教了數十年，幾乎都有手臂痠痛的職業病，詹茹惠就幫她們拍打手臂與肩頸，然後擦抹 88 精油，果然症狀獲得大幅改善。

從此，她的身邊就多了很多見證者，也累積越來越多 Blueseeds 的愛用者。

一試成主顧

類似這樣的例子不勝枚舉。有位家庭主婦過去在清洗碗盤後，雙手會因洗碗精引發過敏，深受皮膚紅腫發癢的困擾，即便不斷更換清潔劑的品牌，嘗試過市面上各種開放式架上的產品，但改善都相當有限；她甚至還選用當季的柳丁、檸檬皮、DIY自製清潔劑，但自製過程相當繁瑣且耗時，她最後還是到處尋找適合自己的清潔用品。

二〇一六年，她偶然在 YouTube 頻道上看到影片，內容是二片青草葉加入清水搓洗後產生泡沫，而產生泡沫的青草就是天然介面活性劑——肥皂草，她依循這個資訊找到 Blueseeds 農場的介紹，並搜尋到由肥皂草為基底的「茶樹蔬碗液」，好奇地上網訂購，想試看看與一般產品究竟有何不同。

使用過後，她發現泡沫細緻、洗潔效果也不錯，最重要的是雙手皮膚過敏的情況改善不少，讓她相當驚喜；之後進一步了解 Blueseeds 的產品，包括肥皂草、茶樹、薰衣草等香草植物，都是台灣土生土長，以沒有除草劑、化學農藥的友善農法種植，採收後再提煉製成各式清潔用品。

結果她一試成主顧，至今未曾再更換過洗碗精，連洗衣精及其他清潔用品也都改用 Blueseeds 的產品。

另外有位生化博士，因罹患癌症接受多次化療，造成皮膚過敏、嗅覺味覺改變等副作用，只要使用到含化學成分的清潔用品，皮膚就會開始發癢，身體也會有噁心、不舒服的感覺，她總是謹慎挑選日常清潔洗滌用品，例如選用德國進口的沐浴用品和牙膏，洗碗精則是購買無患子、苦茶子製成的天然洗劑，不過，有些號稱天然的洗衣粉、洗衣精，使用過後還是會有皮膚發癢的情況。

有次她到台中與國中同學相聚，同學知道她的狀況，特別送她一份 Blueseeds 的沐浴產品，強調這些產品都是零化學添加物，而且「能量」頻率很高；她迫不及待在當天晚上洗澡時就打開使用，洗完後發現皮膚觸感光滑，而且不發癢，且只需少量水即可沖洗乾淨，不會有黏黏殘留的不適感。原來不用捨近求遠，台灣製的洗沐品也能如此天然舒適。

後來她到 Blueseeds 在台東的契作農場參觀，在農場裡聞到、嚐到香草的味道，驚覺採用自然農法栽種的味道跟一般截然不同，體會到人類與環境共好的關係，想起療癒大師傑瑞．薩吉安特（Jerry Sargeant）在《星癒奇蹟》（*Star Magic*）書中的一段話：「我看到一個美麗的世界，如天堂般的實相，喜悅光輝地分享與關懷。我看到人類想起了如何關照我們的大地母親，而不是自私地耗盡她的所有資源。」對於 Blueseeds 正在落實善的循環，她心中非常感佩，也發念要從自己開始，為自然環境貢獻更多心力。

撫慰女性的氣味

Blueseeds 有一款當家商品「女王精油」，則是詹茹惠在接觸眾多女性客戶之後，以女性角度為出發點精心設計的產品。

「我接觸到的客戶中，很多都是事業上很成功的人，但事業上很成功，不代表他們的生活、家庭也會同樣成功。」詹茹惠發現，許多年齡在三十至五十歲的女性，表面上風光亮麗、獨當一面，不管是當董事長、總經理、執行長，但她們都有不為人知的那一面，內心承受無比的壓力，所有的委屈或辛苦只能往肚子裡吞。

這些女性普遍遇到的狀況，都是蠟燭兩頭燒，常常在上班上到一半時，接到學校來電說小孩生病或受傷了，但自己被工作綁住，只能找家人、傭人或先生去處理；或者在國外出差的時候，遇到公司、家裡、娘家等各種狀況，但她們正在前線打仗，即使焦急如焚也束手無策。

如果先生或家人可以體諒，那也就算了，偏偏很多事業成功的女性，先生並沒有為她的成就感到驕傲，甚至會責怪她將太多時間與心力投入在公司，沒有好好照顧家庭，讓她們覺得很受傷。

另外，詹茹惠也聽過不少豪門的故事，許多女性嫁入豪門後，承受外界無法想像的壓力，有的壓力是先生給的，怕她在家族表現不好，讓先生沒有面子；有的壓力則是婆婆給的，認為她沒有幫家族加分。

上流社會很重視外表、講究穿著，不能隨性穿著平價品牌或自己喜歡的個性品牌，只要出門一定要用心打扮，參加家族聚會更是壓力破表，必須先選好名牌服飾及名牌包，不能被其他親友比下去，同時還要維持很瘦的體態；更有甚者，因為被嫌棄太胖，穿衣服不好看，結果搞到後來得了厭食症。

「如果人生要一直這樣委曲求全，不能順著自己的意思，久而久之就會開始否定自己，」詹茹惠說，過去她也曾這樣委曲過，因此研究香氛來療癒自己，而在療癒自己的時候，心裡就想著自己需要，世界上一定也有人一樣需要，因此她先從解決自己的問題著手，再開始幫助身邊的人，滿足他們的需求。

幫助女性重建自我價值

詹茹惠特別能夠同理女性的遭遇。有位女性學員剛來上課時，發現她眼神渙散、六神無主，連要她把眼睛聚焦在老師身上都做不到，到了第三堂課時，她忍不住放聲大哭，她說上次專心看著別人，是凝視先生家暴時可怕的眼神，導致她後來完全不敢跟別人四目相接。

詹茹惠後來教她練習嗅吸方式及使用複方精油，她的眼睛開始可以對焦在對方身上，她推薦很多身心靈有關的書籍，也分享自己遇過的事件，試著帶領她重新找回自己的價值，讓她逐漸走出家暴的陰影。

為了這些偉大的女性，詹茹惠特別集結薰衣草、橘子、橙花、伊蘭、金銀花等精油，以溫暖又帶點霸道的配方，調出了「女王精油」，傾瀉充滿能量的香氛，期許每一位女性都像自己的女王一般，綻放優雅與自由意志之美，儘管有不完美，仍可在各種處境中展現全然的智慧與韌性，活出屬於自己的自由與豐盛，修復每一個遺憾，完美每一個完美。

此外，Blueseeds 也為女性開發了一款「暖宮精油」。她表示，很多女性在經期來時都會出現程度不一的下腹痛，在年輕的時候，自己也常會痛到在地上翻滾，要靠吃止痛藥、打止痛針才能減緩，因此對她們的辛苦很能感同身受。許多人在經期之前就開始使用暖宮精油、按摩下腹部，可得到明顯的改善。

減緩失智的香氛小遊戲

精油的愛用者當中，也有一些是為了減緩失智、對抗失眠的族群。詹茹惠有一位朋友的父親，六十五歲後罹患失智症，全家人都不敢相信，原本健康樂觀的爸爸，情緒竟變得起伏不定，朋友為了照顧父親，離開職場專心看顧爸爸，希望不要退化得太快。

「薰衣草加甜橙，是防失智的晚上配方，迷迭香加檸檬，則是早上配方，」詹茹惠知道失智無法治療，但可以幫助延緩，她從自身專業出發，教朋友如何簡單地種植香草盆栽、運用天然精油來泡手、泡腳，讓身心得以放鬆，同時還設計互動的香氛識別小遊戲，幫助朋友爸爸刺激腦部、延緩退化。

朋友回饋說，「現在爸爸記得這是薰衣草的味道，而且會為香草盆栽澆水，讓疲乏的生活增添了樂趣，對爸爸的狀況也有幫助，此外，香氛也讓我這個照顧者，能夠紓解情緒，恢復能量元氣後更能全心照顧爸爸！」讓詹茹惠覺得十分感動。

在生活繁雜、步調飛快的時代，對許多人來說，能夠獲得安靜深層的睡眠，竟然變成一件奢侈的事。台灣每年安眠藥的使用量超過三億顆，許多人都因各種壓力而有入睡困難的困擾，或者睡覺時容易驚醒，起床後有疲憊、頭腦不清、頭疼等不適現象，嚴重者甚至會影響心理狀態。

過去也曾飽受失眠之苦的詹茹惠，特別開發一款「安眠精油」，希望大家在薰衣草和洋甘菊等天然香氣的陪伴下，能夠擺脫各種雜慮與紛亂的思緒，輕鬆入眠、一夜好眠。

跳脫負面情緒，轉化為正向能量

「過去我的身體也是受盡病痛折磨，切除子宮和膽，所以很能理解病患或是照顧者的心情，」詹茹惠說，成立 Blueseeds 的起心動念，就是希望幫助社會大眾運用香草、精油等知識，緩解生命的疼痛，協助情緒穩定，更有力量可以面對生活的難題。

外面看起來總是充滿陽光，但詹茹惠坦言，自己也會遇到被別人欺負、霸凌的事情，但人生就是不斷地鼓勵自己、原諒自己、療癒自己，尤其在進入這個產業後，很多時間都是自己在跟自己對話，「當別人給我負能量，我會想辦法把它拋掉，然後轉化成正能量，如此才有辦法療癒他人。」

有些人會選擇自虐傷害自己，其實沒有人可以傷害自己，會有被迫害幻想症的情況，是因為一直陷在可憐、悲傷的情緒中，無法自拔；詹茹惠深信，情緒是可以轉換、抽離的，不管是透過香氣、音樂或其他方式，必須讓自己的精神跟靈魂跳脫出來，才能回到正軌，「投入這個產業後，發現越來越能超脫，並且療癒自己。」

精油小學堂

秀髮奇蹟組合

化學成分可能會危害我們的頭皮健康，影響我們頭髮的穩固跟生長，加上生活壓力導致越來越多人有掉髮困擾。為此，Blueseeds 特別推出秀髮奇蹟組合，分成活化、控油、抗頭皮屑、過敏四個階段。

具有殺菌效果的茶樹精露是最普遍添加的成分，其次是能夠平衡汗液與油脂的檜木精露，而活化純露則是添加能夠調理肌膚、帶出汗垢的迷迭香，以及檸檬精油中和身體酸化、增加循環功能，作為保護頭皮的基底，然後再加入能活化導引的薑精油，含維生素A、B_1、B_2、C、E、葉酸、胡蘿蔔素、黏蛋白、大黃素的蘆薈，進行消炎、保濕，並更新細胞機能。最後最重要的則是加入鹿角菜，以鈉、鉀、鋁、鐵、鈣、鎂等礦物質增加髮量防止掉髮。

控油純露則以擁有多達紅酒二十倍多酚的月桃精油，進行抗氧化、防止過度去脂的作用，再以快樂鼠尾草精油去除頭髮油膩與頭皮屑，抑制皮脂分泌過量，還有綠薄荷穩定皮脂收斂肌膚，以及蔗糖醇化的酒精，以一．五%的微量，分解較厚重的油脂。

由於頭皮屑的成因與皮屑芽孢菌有很大關係，抗頭皮屑純露則將綠薄荷與茶樹分別萃取成精露與精油，進行軟化角質與鎮定止癢之效，還有雙重殺菌之效。再加入尤加利、艾草、雷公根抗菌、抗發炎，舒緩乾屑症，並增強表皮細胞修復、促成皮膚傷口癒合。

過敏純露則改以橙花精露為主調，調解脆弱型膚質、舒緩紅腫，輔以洋甘菊精露穩定過敏反應、薰衣草精露及精油提升乾燥肌膚再生功能、甜馬鬱蘭精油活化微血管促進循環，以及蘆薈還有米胚蛋白保濕、更新細胞。透過四層針對不同情況的精露功效，找尋問題根源、築建四層防護！

88精油

88精油是結合八十八種香藥草，浸泡二百天而成，具有療癒心靈、提振精神、放鬆身心等功能，也可用於按摩身體各種部位，用以紓解肌肉疼痛、肩頸緊繃、偏頭痛、腿部腫脹、足部疲勞、呼吸不順暢、風濕性疼痛等不適感。

暖宮精油

暖宮精油由薑、馬鬱蘭、玫瑰天竺葵、甜橙、檸檬、迷迭香等精油調和，可以減輕因宮寒而帶來的痛經，並具有溫暖身體、舒緩情緒、平衡內分泌、放鬆肌肉等功效。

檸檬精油

檸檬精油的應用相當廣泛，其含有高濃度的檸檬烯，可作為天然的清潔劑，用來淨化空氣、地板、家具表面，聞起來有種順暢清新的感受，促進光明正面的情緒，打擊憂鬱感，揮走心中的陰霾。

此外，檸檬精油也有清理皮膚、明亮肌膚、對抗面皰的效果，有助於減緩感冒、降血壓、幫助肝臟排毒，其在消化系統的功效也被認可，對於祛脹氣、助消化、清新口氣都有不錯效果。日本研究也發現，檸檬精油有助於集中注意力，在醫療診所中，使用檸檬精油除了淨化空氣外，也可去除難聞的藥水味道。

預防失智精油

失智症發生時，最先損害的是連結海馬迴的嗅覺神經，作為樂齡族群的常見病症，幸運的是嗅覺神經的再生能力相當強，可以透過不斷刺激與活化海馬迴以激發嗅覺神經的再生機能，而為了激發，「香味」的接觸媒介就得特別注意，精油濃度高，具有改善健忘、預防失智的效果，這種精油芳療在法國已有超過二百年的歷史。

如同母親的飯香、家鄉廟口的線香，或者是老家衣櫥的淡淡樟腦香，這些味道能勾起我們往日的回憶一般，可透過香氣帶來的暫時記憶，轉化成長期記憶儲存腦中的方式，來刺激嗅覺與海馬迴的連繫。根據日本浦上醫師建議的精油方程式，以二滴迷迭香提高注意力，搭配一滴檸檬亢奮、集中精神的白天配方，或者二滴薰衣草安眠、一滴甜橙舒緩壓力的晚上配方，分別能活化海馬迴以及鎮靜大腦。Blueseeds 也融合自然農法耕種的天然香草改良研製而成。

安眠複方精油

失眠作為現日普遍的文明病，台灣每年的安眠藥使用量高達三億二千七百萬粒，顯示生活壓力對日常作息的重大影響。Blueseeds 以穩定腦部活動的薰衣草精油、有溫熱感受的馬鬱蘭精油放鬆肌肉，以及能夠減輕憂慮、平靜心靈的洋甘菊精油，再加入舒緩壓力的佛手柑，調製成複方安眠精油。

睡前輕輕按摩使用，就有安定情緒、寧靜減壓、幫助睡眠的效果，也能以一：一〇的比例與藥草精華油作為潤滑劑進行 spa 按摩，更可以用一杯熱水搭配三至四滴的精油透過薰香營造舒適環境，讓身心能夠得到充分休息。

10

傳遞療癒的能量

「或許自一滴精油開始，便能讓一個人的生命有所不同！」

還在電子業服務的時光，詹茹惠時常需要在台灣與歐洲之間往返奔波，某次到歐洲出差，疲憊過度的她走在巴黎的街頭，卻被一縷芬芳吸引住目光。「安眠」（sleep well）、「放鬆」（release）、「專注」（concentrate）三個單字張貼在小小的店內，而與之對應的，是三瓶精巧的精油。

反正死馬當活馬醫，加上本身對香草有濃厚興趣，詹茹惠便買了一罐回去嘗試，沒想到那天晚上竟一夜好眠！詹茹惠隔天開完會就直接飛奔店面，一次全數搜刮；那時的她也在心中暗暗下定決心，決意有機會一定要推廣精油，她相信除了自己以外，一定也有許多人需要這樣的幫助。

學習神農氏嘗百草的精神

其實，詹茹惠在電子業就常與業內的女性主管接觸，發現大家普遍都有相關的身心問題，但比起依靠藥物治療，改變日常作息與生活習慣也很重要，而精油更是她的其中一個解方。

被精油的神奇力量所吸引之後，她一直想要深入堂奧，從此前往歐洲出差的行程中，就多了一項例行公事——預留一段空檔來進修精油課程。詹茹惠到英國、法國、美國、加拿大等地拜師學藝，從最基礎的化學理論、香味辨識、原料萃取一一學起，憑著熱忱與進取的精神，她也順利取得芳療師與調香師證照，取得進入香氛產業的基本門票。

在台灣，她也樂於參與各種調香課程，同時也會自己購書研習，看著書中密密麻麻的化學結構、不同精油調製在一起產生的變化、各種香草的功用與特質、適合的栽種環境等，她說起這些如數家珍；很難想像在忙碌的工作中，她早已把這些龐雜資訊內化成自己的知識系統。

薰衣草助睡、洋甘菊緩解焦慮、馬鬱蘭帶來鎮靜與放鬆……，熟習香草知識後，她先從幫助身邊的人做起。家人睡不好時，就調配薰衣草精油塗抹、按摩，讓其放鬆肌肉；朋友住院時，她以精油細心按摩，讓原先因疼痛而必須施打嗎啡的朋友能保持清醒；連對精油一開始抱有保留態度的先生，在開刀後，經由詹茹惠每日按摩、放置香氛，竟在某日主動問她：「妳今天怎麼沒有點那個？我想要聞。」

透過家人與親友的回饋，她更相信香氛能夠為生理與心理帶來功效，不僅解決頭痛、失眠、記憶退化等問題，也能安撫情緒、撥動心弦、創造自身價值，並具體改善大家的生活品質。

建立自己的知識系統

於此同時，詹茹惠也注意到，香氛這門學問，有太多繁雜瑣碎的資訊需要統整，光是理論基礎的養成，就常將初學者拒於門外，雖然台灣的老師多半以「先不用知道那麼多，先學怎麼做就對了」的方式規避，但如果缺乏穩固的知識基礎，很難發展出自己的風格與特色。

「香氣最重要的不外乎人事時地物，它是非常在地化的東西！」詹茹惠強調，許多人從歐洲或美國學到一套東西，就原封不動搬到台灣，但每個地方的緯度、氣候都不一樣，種植環境與生產出來的精油都不盡相同，別人的東西不一定適用，我們一定要發展出自己的系統。

因此，在擔任台北市視障者家長協會、早安健康的香氛課程老師後，詹茹惠也重新審視自身所學，創建「從答案中找原因」的學習系統，就像是調配一瓶香氣與效用兼具的精油一般，將實作與理論更加融合，比起從讓人霧煞煞的化學公式開始學起，先從「感受」、「提問」再由答案思考原理的方式，更能引起學生的興趣，學生們的熱情也不會被扼殺在艱難的學理之中。

「所以我的學生大多很愛我！」詹茹惠得意地說，「學調香的學生，通常對學術派的精油學習沒有興趣，所以我會要他們確立自己想解決什麼問題，然後再來討論實現的方法。」為了提高學習動機、增加學習效果，詹茹惠也會創立與學生的群組，讓他們能在上面提出自己的疑問，以及生活中想要改善的困境；對她來說，能夠將他們從泥濘之中拉出來，比起傳授香氛知識重要得多。

舉例來說，假設需求是助眠的話，就來思考什麼樣的香草可以舒緩壓力，而與哪種香草混和，又能產生更好的功效，與令人歡愉的香味，而背後的原理又是什麼？又如木質調與花香調能給人沉穩又浪漫的感受，對於處在什麼精神狀況的人更能提升效果等。

從個人需求與解決問題出發，讓詹茹惠的教學很受歡迎，每次開課很快就秒殺，許多向隅的學生經常問她：下次什麼時候要開課？所以她決定跟早安健康合作，將課程錄製下來，剪輯成多個影片在視訊平台播放，這樣學生可以先自行看影片學習，不定期她再開直播與學生互動、幫忙解惑。

每回課程結束，這些學生往往也都會變成 Blueseeds 的鐵粉。詹茹惠表示，如果只是產品促銷，使用者可能只會購買一次，但如果你有辦法講出一套道理，你的學問、你的技術、你的理念，都會變成一種信仰，就會建立長久的關係，這也是產品銷售的最高境界！

天生天養、適地適種

接觸過海內外的不同香氛知識體系，詹茹惠注意到，不同的地區，面對同一種狀況時，偏好使用的香草都有不小差異，諸如生長環境、水分多寡、土質酸鹼、季節氣候等因素，都會影響香草的效果與使用習慣，因此詹茹惠也鼓勵學生，一定要認識腳下的每一寸土地，先友善環境才能友善自己。

詹茹惠經常帶團參觀香草田，也常利用這個機會教育周邊的人：「不要靠近也不要踩到那邊的草，它們的能量很強，不要干擾到。」她耗費大量心思去研究香草在各地的生長條件與狀況，只為了給香草最好的呵護與成長環境，「好好地愛它，它就會開出漂亮的花給你看。」

「我能看出香草的不同在什麼地方，就算是相同的品種，種在不同的地方都被馴化過，產生的香氣跟精油也會不一樣。」在經年累月的學習與累積之後，詹茹惠就像是人體的香草百科與自動辨識機，精準到連產地都能辨別；她也一直提倡「天生天養、適地適種」

的原理，香草必須要配合所處環境，找到最適合的種植方式。

詹茹惠在位於陽明山的家中陽台，也擁有自己的香草花園，甜菊、桂花、茉莉、芳香萬壽菊、雷公根、奧勒岡……，這裡就像是她的療癒天地，只要心情不美好，焦慮、煩躁等負面情緒纏身時，她便走到這裡，蹲下來聞一聞、撫一撫這些植物，與它們對話，感應彼此的能量。

「現在的我不吃藥，也不用化妝品。」詹茹惠相信，當人體回歸自然，愛護自己與土地，才能真正達到身心平衡，健康安樂地生活。

自帶流量的精油女王

許多詹茹惠的學生、粉絲及夥伴，都喜歡叫她「精油女王」，不僅因為她在精油領域展現的專業權威，也因為她舉手投足中總是帶著豐沛的氣場。站在講台上，她一方面能夠條理清晰地闡述理念，一方面又能以感性口吻療癒人心；走下講堂，她一方面嚴格要求學員要跟上進度，一方面又對身心有狀況的學員呵護備至，這是屬於精油女王的獨有魅力。

二〇二三年四至五月，詹茹惠受早安健康的邀請，將多年的教學與精油研究經驗，淬煉成五堂精油實體課，帶領初學者從零開始學習精油的入門知識、對症實用操作等，並體驗精油香氣的奇蹟療癒力，針對助眠防掉髮、找回自信能量、暖宮暢氣血、排毒消脂、鬆筋養生等主題，設計對應的學習課程與工作坊，每堂課只收三十位學員，一場收費八百元，比一般課程高出三至四倍，一樣場場爆滿。

「起床後發現落枕，將88精油塗在脖子與肩頸處，下班後不適感就幾乎消除了。」「過去有經痛的狀況，塗了暖宮精油，腹部就有舒緩的感覺，改善了經期困擾。」「女王滾珠精油，在鎖骨下方與事業線擦一擦，心情很愉快又充滿自信，感覺有一股好的氣場產生。」「用馬鬱蘭精油按摩頭部，或泡腳時滴幾滴精油，就覺得全身上下變得輕盈。」「第一次塗抹舒眠複方滾珠按摩精油後，緊張的身體瞬間放鬆下來，每晚睡前塗一些搭配呼吸法，很能幫助入睡。」

這些都是學員在聽完課程、實際體驗精油後，給予的一些回饋。五堂課程下來，這些以女性為主的學員，經過教學實作及 LINE 群組的互動，對天然精油產品的療癒效果留下深刻印象，不僅成為詹茹惠的鐵粉，也成了 Blueseeds 的忠實使用者。

顯而易見的是，Blueseeds 與早安健康合作的課程，不僅傳播了品牌理念，無形之中也帶進不少商業機會。有些人跟詹茹惠說：「妳真得很會帶貨！」她回答說：「不是我會帶貨，是因為我講得出道理，這才是王道！」

三位一體的效果

「學生之所以覺得我的課很實用，是因為我結合了學理架構、使用者需求、優質產品，才有三位一體的效果。」

她坦言，有些人只會推銷產品，但不在乎使用者，有些人告訴你出了什麼問題，可是沒有產品可使用，有些人則是講不出道理，這三者缺一不可，我把所有的實用技能（know-how）、應用（application）及產品（product）都整合在一塊，就是一個可行的商業模式。

有次在經濟部商業司的協助下，多家社會企業與小農到 momo 電視購物頻道做直播，從早上十點到晚上十點，每家企業有一個小時。

詹茹惠被分配到下午二點半到三點半的冷門時段，因為是睡午覺時間，加上前面的廠家都只賣了幾千元到一、二萬，原本她沒有抱著什麼期待，結果她上場後完全不講產品，而是分享理念，受到不少觀眾支持，一口氣賣了十萬元的商品，讓商業司與 momo 都對素人直播的魅力大感意外。

從線下到線上的學員互動

詹茹惠的課很受歡迎，是因為她很能掌握學員的心，每堂課都有不同的設計，自然也有不同的收獲。有時她要學員穿短褲、穿背心，帶著瑜伽墊一起做運動，有時則是教學員如何泡澡、如何排毒，有時會找來體大畢業的健美小鮮肉來示範體操動作，多數學員一次就把五堂課都報好報滿，每堂課卻都有不同驚喜。

當九十分鐘的課程結束後，才是真正互動的開始：學員下課後會自動去購買產品，每次合計都有好幾萬元的入帳，接著學員會在LINE群組問問題，如果是基礎知識類的會由小編協助回答，如果是更專業的問題，詹茹惠也會抽空讀取訊息並且回答，她也常錄製一、二分鐘的語音檔給學員，聊聊自身經驗與個案，或者分享一些可以搭配精油使用的療癒音樂，當然也不忘了提醒學員要勤於學習。

「我們在第一堂課時，有特別提到迷迭香，在古埃及的古墓中，有發現到迷迭香，因為埃及人認為死了可以復生，所以製作木乃伊的時候，一定會把迷迭香放在墓室中，這樣就能喚醒生前的記憶。當今有很多的研究，都是在討論迷迭香的神奇效力，它可以讓腦部的中樞神經充滿活力，現代人如果有緊張、健忘、頭痛等問題，都可以藉助迷迭香的作用。」

詹茹惠透過這樣的語音檔案，讓學生在課後還能持續吸收學習，也建立起跟學生之間的緊密連結。

開課是為了助人

「妳已經這麼忙了，為什麼還要開這個課？」許多人都會這樣問詹茹惠，但她總是斬釘截鐵地說，我不是為了賺學費，也不是為了賣產品，而是想要幫助需要的人。

「我自己經歷過情緒的問題，知道那是很可怕的事，會有憂鬱症、躁鬱症、自虐等情況；如果可以教他們正確的方式，希望帶他們遠離情緒的悲傷與禍害，能夠影響多少人算多少人。」

她接觸的學員，來自金融業、科技業、服務業等行業，其中不乏上市櫃公司的高階主管、大學教授等，也有諮商師，但幾乎都有失眠、頭痛、肌肉酸痛、情緒等問題，有的飽受老闆霸凌之苦，有的則是長期面臨婆媳問題。詹茹惠每週還會撥出時間，免費與他們一對一線上互動，每次十五分鐘，幫助他們釐清問題、分析利弊得失、抒解壓力、重建信心，讓他們能以更正向健康的心態處理問題、面對人生。

「幫助別人是我的興趣，可是不能變成我的壓力，」所以她開宗明義就跟學員說：每天我只有早上十分鐘，晚上十五到二十分鐘會在群組，其他時間你只能留言、不要找我，「我堅持不讓學生私下加我的 LINE，他們只能進群組問我問題，一方面這樣全部人都聽得到，一方面也避免有些台灣粉絲習慣想要拉近距離、多挖一點，不容易掌握彼此的界線，」這也是詹茹惠獨有的粉絲經營之道。

堅持建立自有IP

相較於市場上有些偶像膜拜型、傳銷式的授課方式，但她堅持自己走的是「知識型」的路線，不僅自編教材、自行設計體驗活動，連在LINE群組分享的知識文都是自己錄製，不轉貼或使用別人的，因為她認為建立自己的IP是至關重要的。

「妳的課這麼受歡迎，為什麼不開大堂課，讓更多學員可以報名？」當早安健康提出這樣的邀請，詹茹惠卻有自己的想法，她覺得小班制可以照顧到每個學員，她也才能維持好的能量與品質；如果要讓更多人參與，可以用影音串流的方式線上學習，一段時間她再上線跟學員互動、回答問題即可。

「線下課程只要講一遍，全程錄影下來，剪成一個個短影片，就是我的ＩＰ，這些都是我七、八年的心血結晶，可以在不同平台上播放，這個ＩＰ的利潤則由我跟合作方共享。」

詹茹惠看上的當然不只是線上課程的收入，在流量為王的時代，讓Blueseeds能夠在網路上製造聲量、持續圈粉、帶動業績，就是最具成本效益的行銷手段。

香草小學堂

檸檬草

檸檬草也稱為香茅或檸檬香茅，屬於草本植物，主要生長在熱帶和亞熱帶地區。檸檬草散發出柑橘般清新自然的香氣及微甜芬芳，具有抗菌、除臭、幫助消化、去除腸胃脹氣等功能，同時也有抗沮喪、激勵、復甦、提振精神的效果，可揮別疲憊、補充能量後重新再出發。

檸檬草的運用非常廣泛，其特殊的氣味有防蚊功效，也很適合入菜，像是泰式料理的檸檬魚、香茅火鍋，喝檸檬草茶則有助於降血壓、緩解頭痛，檸檬草葉片萃取成精油則對人體有抗氧化、減輕壓力與焦慮、改善面皰、預防跳蚤蚊蟲、促進血液循環、緩解頭痛、改善扭傷與落枕、舒緩肌肉疼痛、提神醒腦、增加記憶力等多重功效。

芳香萬壽菊

芳香萬壽菊是屬於菊科的香草植物，全株具有芳香，耐熱、耐旱、耐濕，生命力很強，在台灣風土適應性極佳，好栽種又易繁殖，不需特別照顧。它是香草界的人氣王，不僅可觀賞花卉，還可食用花、葉，嫩葉可以入菜或泡茶，橘黃色的花朵水煮後可淬取黃色的色素，做染色劑用。

芳香萬壽菊的新鮮葉片，咀嚼起來有股百香果的香氣，可搭配檸檬草、馬鞭草、薄荷葉、甜菊葉一起泡茶，具有潤喉化痰的保健功能，且口齒常保芬芳，用於芳療則有鎮靜、提神專注、清新醒腦、放鬆的效果，居家則有驅蟲、驅蚊、防霉、防腐、殺菌等效果。

馬鬱蘭

馬鬱蘭原產地在土耳其及地中海一帶，希臘與羅馬人將它視為幸福的象徵，是歐洲與西亞地區民眾常用的香料植物，奧地利人則用來淨化肌膚。馬鬱蘭精油的香氣具有一種青草味，混合了迷迭香、尤加利的氣味，但更有個性與穿透力。

馬鬱蘭可以紓壓平衡、溫暖情緒，對於憂鬱者也有不錯的安撫、平靜與正面提振效果，在芳療上有紓壓平衡的功能，適合女性生理期呵護、肌肉疼痛時按摩使用，工作久站者如有靜脈曲張，也可用來泡腳舒活放鬆、促進血液循環。通常在調香配方是當作配角，可修飾或改變其他精油香味，但不會搶走主角的風采，氣味也不會產生衝突。

迷迭香

迷迭香原產地在地中海附近，在古代的希臘、羅馬、埃及和猶太文化都被視為珍品，其帶有類似樟樹般濃郁清新的藥草味，是西方料理中常見的去腥香草，其莖、葉、花全株都可透過蒸餾法萃取成精油，具有很高的經濟價值。

迷迭香有「記憶之王」的美稱，其香氣可刺激大腦中樞神經，具有提神醒腦、幫助記憶的功能，另外也有收斂油性皮膚、養髮護髮、保護呼吸道、舒緩肌肉等作用，也是宿醉醒酒的絕佳對策；迷迭香具有激勵的香氣，常被使用於芳香調理中，幫助舒緩身心、減少緊張與壓力，並提升專注力與記憶力，保持思緒清晰。

11

替視障者的世界帶來微光

你是否想過，當我們失去了視覺，最直接感受世界的方式會是什麼呢？清晨雨後驕陽的氣息、割草後風吹來的青草香氣、用餐時間廚房傳來的滷肉香味……。一般人只是把氣味當成其中一種感知，但卻是視障者們記錄生活的重要感官，而這在黑暗之中無限放大的嗅覺，是他們的天賦，也是作為一個調香師最有利的條件，如果給他們一個機會，他們的世界會不會從此再多一點微光呢？

Blueseeds與台北市視障者家長協會（ＰＡＶＩ）在第六屆震旦集團陳永泰公益信託傳善獎結緣，Blueseeds的香氛業很重視氣味，恰巧能與視障者的特長相結合，甚至可以開展一種新職種，於是從二〇二一年起，在ＰＡＶＩ邀請下，詹茹惠擔任指導老師，開設視障者調香師培訓班。

視障香氛藝術課程，是個良善的起點，但綜觀社會企業與公益團體共同舉辦的課程，往往都是敲響了開端，卻沒有後續的演奏；如果只是教導視障生調香，卻沒有替他們謀求之後的出路，似乎還是有所不足。

無疑地，弱勢族群要在重重夜幕中找到前行的路，比一般人困難許多，更別說找到自己的一片天了。當社會資訊八〇%都以視覺傳遞，視障者在環境中是相對弱勢的一群人，如果有機會用視覺以外的感官作為主要學習方式，把能量用在其他感官上面，將開啟視障者無障礙學習的更多可能，詹茹惠對此深有感觸，她認為，香氛或許就是其中一個答案。

她決定從自己做起。

氣味的魔法師

快步走進課堂，詹茹惠向學生打招呼，接著在桌面上鋪開各式香草與教材，瓶瓶罐罐的精油一字排開，香氛課還沒開始，整個教室已經滿室生香。

除了 Blueseeds 創辦人的角色，詹茹惠還是一位擁有專業證照的調香師，同時也是香氛課的老師；對她來說，設計調香課程並不難，難的是如何讓視障者學會調香，最根本的問題在於「看不見要怎麼學習」。為了訓練這群視障學生，她先帶他們到陽明山的香草園區，接觸自然農法所種植的香草，認識不同的植物，並感受香草與精油之間的連結。

「以終為始」是詹茹惠教導香氛課程的核心原則。她相信，舉凡喜歡什麼樣的香調、印象最深刻的香氣記憶、為什麼會產生這樣的味道、蘊含什麼樣的情緒等等，這些貼近生活中的「為什麼」，將會成為接觸新事物、吸收新知的動力，因此她善於讓學生從感興趣的方向下手，提高學習熱忱。

為了讓視障生在建立香草知識的道路上更加順遂，詹茹惠花了大量時間去思考如何編輯教材、引導盲生，她在課程規劃上排除要用到視覺的部分，改以嗅覺、觸覺為主設計教學內容，甚至自己蒙上眼睛，去嘗試這些安排所造成的效果，並不停改良與修正。

各式各樣的香氛，來自植物的花、草、木、果、根、莖、葉，都成了詹茹惠鮮活的教材，她讓學生們從答案中找原因，試著觸摸、細聞原料帶來的觸覺、嗅覺，記下自己的感受，再進一步品評它們轉變為單方精油後，所產生的差異——這保留了原料的什麼氣質？

凸顯了什麼氣味？這是蒸餾、榨取還是萃取提煉而成？

拋棄坊間調香課程從複雜化學理論打基礎的作風，詹茹惠從生活取材、以體驗為本，她會帶領學生前往香草田親自嗅聞、撫摸香草，當薰衣草、肥皂草、茉莉、迷迭香躍然眼前，遠比在教室所接觸到的樣本更能直接感受，而它們的香氣編織在一起，好似五彩繽紛的毛毯，暖暖地蓋在身上。

而視障生的挑戰，便是要去解析這毯子中每一個色彩的毛線，根源是哪一株小草，透過品香、觸摸、分析等過程，判斷哪幾種加在一起會產生這種氣味，像是實驗室中的科學家，一步步挖掘出其中奧祕。

引領視障者進入香氛產業

回到課堂上，她用心調整教學方法與培育模式，在助教的協助下，降低視障者的學習障礙。一開始先反覆練習，熟悉不同的精油氣味，接著就讓他們創作複方調香作品，每次課堂都會指派不同的作業，像是母親節、十二星座、史博館、圓山飯店等，從題材、場域、音樂、節令、人物等不同角度切入，讓他們思考前調、中調、後調等不同層次的氣味，調配研製出屬於個人獨特的香氛創作！

創作出自己的調香是一回事，要能詮釋自己調香的想法則是另一回事，這也是視障者普遍覺得最大的挑戰，但詹茹惠非常重視調香師的文案與說故事能力，「老師只是教原理，調香師是藝術家，應該要設計有創造力的香氣，而不是淪為匠師。」

因此，在調配精油之前先發想文案，是學生的必修學分，不僅要以香氣詮釋創作理念，也要調配出切合主題、引人入勝的成果，如果成品不夠「香氛」，她也會毫不留情地打槍，某次學生調出的味道就被她吐槽：「好像廁所清潔劑的味道！」連學生自己也啼笑皆非。

所幸，在詹茹惠的調教與學生的努力之下，他們的創作才華逐漸被挖掘出來，經歷一次又一次的嘗試，這些初出茅廬的調香師，終能將所思所想的美好香料，萃取成了一瓶又一瓶充滿故事的精華。在她帶領下，視障學生多能逐漸學會分享自己的創作理念與故事，引發更多人的共鳴，每期課程結束後，她也會特別舉辦「視障香氛藝術創作發表會」，讓視障生發表他們的調香作品。

詹茹惠相信，視障朋友能從香氣中說出故事，一定也能把聞香、調香作為專業。沒有視覺功能的遮罩，視障者對於香味與空間的掌握更加敏銳，氣味與生活經驗的聯繫也更加深刻，未來可以朝香氛調香師發展，不僅可以調配產品，也能營造空間的氛圍。

事實上，不管是飯店、航空公司貴賓室、spa 館，都會打造自己獨一無二的味道，藉以傳達品牌的精神，並強化與消費者之間的連結。詹茹惠積極為他們打造香氛舞台，希望他們不要止步於能調製精準配方的調香師，更要成為會說故事的創香師。

穿越時空的嗅覺世界

「嗅覺是無所不能的魔法師，能送我們越過數千里，穿過所有往日的時光。果實的芳香使我飄回南方故里，重溫孩提時代在桃子園中的歡樂時光。其他的氣味，瞬息即逝又難於捕捉，卻使我的心房快樂地膨脹，或因憶起悲傷而收縮。正當我想到各種氣味時，我的鼻子也充滿各色香氣，喚起了逝去夏日和遠方秋收田野的甜蜜回憶。」

海倫．凱勒（Helen Keller）的這段文字，生動描繪了嗅覺與記憶的連結，氣味總能勾起我們往日的回憶，也能帶給我們無限的想像。或者是巷口的麵香，或者是馬路上的油煙味，又可能是某次擦肩而過時，隔壁班女同學身上淡淡的花香。

氣味就是擁有這樣的魔力，能勾起豐滿的畫面，而視障者處在常人無法觸及的神祕嗅覺世界中，更有著奇幻的色彩、會說話的水果、散發香味的太陽，以及無盡的可能。

「甜橙精油帶給我開心的感覺，但是剛剛刨下來的橘子皮，更像是精力充沛的小男孩在跟我打招呼！我想跟這個味道做朋友！」這段話從視障生口中說出，覺得特別有味道。

為了讓視障生多方表達自己對味道的想法，進一步發掘他們的潛能，讓視障生直接接觸香草與精油，整個過程像是在品香，也像是在萃取精油般，細心引導出其中最純粹的味道。

「氣味總能勾起我們某些回憶，牽動著我們的情緒，彷彿就像一位魔法師，引領著我們進入奇幻的魔幻之旅！」她認為要培養一位創香師，除了擁有調香的一切基礎知識、懂得精油之間的融合性、原料到精油的製作原理、複方香氛的配方外，更需要有創造香氣、以香氣說故事的能力。

不僅教釣魚，還要找池塘

從初級班、進階班的養成教育，循序漸進到菁英班的學習，再輔導他們取得國際專業證照，詹茹惠二、三年來已培育十名視障者取得美國國家整體芳療師協會（NAHA）國際證照，二〇二三年底菁英班修業完成後，還取得英國調香證照。

最特別的是，這些調香創作還有機會被開發成正式的香氛商品，迄今已開發出超過二十款香氛作品。Blueseeds 與 PAVI 合作開發，推出「幸福的味道」香氛禮盒，並結合史博館推出「公益調香．藝術聯名」系列，為的就是要給這些視障生獨樹一幟的舞台。

「我不只要教他們學會釣魚，還要幫他們找池塘。」詹茹惠秉持這樣的想法，不只傳授自己的獨門絕學，還不斷尋找、媒合可能的商業機會，公益的路絕不孤單，包括史博館、震旦集團在內的公民營單位，都力挺Blueseeds的公益調香計畫，讓這群視障者一邊學習、一邊還有實踐的機會，充分見證了視障生從香氛培訓到與市場接軌的過程。

更令人動容的是，整個精油禮盒從研發到包裝，都是視障者共同協力的成果。他們將禮盒從紙板拗折成整齊俐落的盒形、恰如其份地放入基底，精準且小心地把一瓶瓶精油產品置入其中，還不忘貼上商標、放入字卡、推入盒蓋、綁上絲帶把手，這些程序就連一般人都免不了手忙腳亂，他們居然完美地做到了，堪稱「眼盲心不盲」的最佳寫照。

精油行業雖然很適合視障者發揮，但就像是折紙一般，必須投入非比尋常的專注與耐心，有著不容許分毫之差的嚴格要求，若在某一步驟失手，便無法創造出完美無暇的成果。

開發人生的新可能

「當上帝為你關了一扇門，祂同時會幫你開一扇窗。」不少視障生在上過香氛課程後，都發現自己的人生有了微妙的改變，「雖然沒辦法看清楚這個世界，但我用其他感官更深入地記錄每一天生活；香氛，是我最新鮮的領域，開發了我的嗅覺，也增加了我人生的新可能。」

對視障調香師們來說，這些不只是產品，更是他們的作品。「希望我的故事與祝福，透過調香創作的氣味帶給大家幸福的感覺！」這是視障調香師吳思穎的心聲，也是打從心底給予使用者的真誠祝福，裡頭嗅得出滿滿的心意。

詹茹惠對於學生的關愛，就如同香草的氣息一樣，撫過了每個視障生的心靈，他們愛上香草後，不僅開啟了另一扇體驗世界的視窗，也培養了一項專業技能。

儘管現今學習輔具的不足，讓視障生在學習與創作時，仍須仰賴助教志工協助，但詹茹惠愈加認識他們，就愈加肯定他們擁有著成為調香師的天賦；他們不但擁有靈敏的聽覺與嗅覺，習於用視覺以外的感官記錄生活，而且經過訓練後，都具備以香味闡述故事的能力，假以時日一定能成為出色的創香師。

「我在家裡聽見精油的聲音了！橘子精油滴得很快、檜木精油比較慢，但我知道聲音不一樣。」這些充滿勇氣與熱忱的視障生，積極地運用自己特化的感官，就像克服日常生活中面對的種種難題，他們又再一次為自己的生命找到了出口。

當視障生將耳朵緊湊瓶身，靜心聆聽精油落下的時候，助教不再需要幫他們緊盯滴下幾滴精油了，看著他們全心投入的背影，彷彿看見了真正的魔法師站在眼前，如同《哈利波特》（*Harry Potter*）的魔藥學一般，正以香草調配出名為「幸福」的魔法。可以期待的是，香味帶領視障者展開不可思議的旅程，而視障者將以自己的作品，帶領使用者前往不同凡響的香氛國度。

踏上自己的調香之旅

當學員精心調製的作品，變成真正販售的精油商品，甚至在競賽中脫穎而出，不只創作者與家長深受感動，詹茹惠也與有榮焉。

以 Blueseeds 與台北市視障者家長協會聯名推出的「幸福的味道」精油系列為例，就收錄了多位視障調香師的創作成果。EyeMusic 樂團團長的劉子瑜，創作的是名為「獨立慶典」的作品，這則故事發生在平行世界的義大利，那裡有著剛獨立名為「自由共和國」的國家，她以管弦樂團磅礡、豐滿的演奏意象，讓讚頌民主自由的旋律與香味相互依存，散發富含律動感的迷幻氣息。

「Everybody loves Emily」是江尉綺的作品，對香氣格外敏感的她，將調香如同調酒一般，營造蜂蜜的甜香、威士忌的酒香，調和成甜美濃郁的香氣，展現自己熱愛音樂、家人，更以香氛表達出愛與被愛的氛圍，完美詮釋出生命的包容性與厚度。

讓香氣傳遞善念，也是吳思穎的核心概念，她創作的「福星」，便是以甜橙與花香的花果調，寄託自己對品味者的祝福，如同精靈的吹撫與笑容一樣，希望能為他人帶來好運。

而被詹茹惠讚賞為難得一見的調香天才，也是Blueseeds首位視障員工的陳一誠，以花香調的迷人香味，創作出「沐曦春光」，好似香草田暖洋洋的氛圍，與精神飽滿的百花之香，使人如沐春光，看見春暖花開的美麗天地。

「視覺從來不是限制，反而讓他們有更靈敏的感官，以及更純淨的心靈，來面對這些植物的能量！」在課堂上一板一眼的詹茹惠，從來不曾因為學生的身分或狀況而「手下留情」，因為她相信，每個願意相信自己的人，都能從氣味編織的世界，開創一片豐富多彩的香氛天地。

從課堂到職場的捷徑

「去年我跟大家自我介紹時，說我是調香師陳一誠，希望有機會為現場貴賓擔任客製調香；今天我很驕傲地告訴大家，我是 Blueseeds 調香師陳一誠。」二〇二三年三月八日，在 Blueseeds 與國立歷史博物館共同舉辦的「永續共好記者會」，陳一誠站在舞台上，說明自己學習調香以來的心路歷程，以及身分上的改變。

在 PAVI 的「視障者調香專班」課堂上，陳一誠一開始就展現他的天分，不僅深受詹茹惠欣賞，也常受到視障生同儕的肯定：「阿誠，你這個創作的香味要是做成洗沐產品我一定買爆，很高級的舒服，也太好聞了吧！」他不僅擁有高度的嗅覺敏感度，更擅長從不同氣味因子找到獨特的連結，用香氛描繪自己的生活經驗。

大膽嘗試，發現調香的樂趣

陳一誠對於香氛一直有著濃厚的興趣，期盼有一天也能親手調製出自己喜歡的味道，但過去他總覺得學習門檻一定很高，畢竟師資與香氛產品都很昂貴，不是每個小資族所負擔得起。有天他在LINE群組得知，PAVI要為視障者開辦專業的調香芳療課程，藉此開發出新的職種，「讓視障者發揮靈敏的嗅覺，激發創意、開拓新市場，這是一種創新，更是一種遠見。」

PAVI找上了詹茹惠，規劃完整的調香班課程，與坊間芳療休閒體驗的課程不同，這是為視障者開啟全新職涯的專業課程，涵蓋初階班、進階班到菁英班，從精油萃取的植物原型、萃取方式到各個單方的精油特性、如何調配等，循序漸進地讓學員熟悉上手；最重要的是教材必須減少視覺學習的方式，同時搭配明眼志工一對一從旁輔助。

陳一誠的印象很深刻，第一次上課時，詹茹惠就準備各式香草，像是茶樹、迷迭香、馬鬱蘭、天竺葵、柑橘果皮等，讓學員觸摸並搓揉其葉片，記住原本的味道，接著再與其萃取後的單方精油去做比較，更能熟悉屬於每種香草專屬的氣味。

接著詹茹惠介紹各種香草的萃取方式，再透過嗅聞每一種單方精油的香氣特性、了解其功效，然後嘗試幾種簡單的單方調香，觀察調製後的複方精油的氣味轉變，她鼓勵學員大膽去嘗試，唯有不斷將單方的精油透過不同的排列組合，衍生出不同的新氣味，才能體會到調香的樂趣。

那一刻，陳一誠突然感覺自己化身成為一位魔法師，能夠創造出如糖果、威士忌、檸檬汽水等完全不同的香氣，他發現調香最有趣的地方，在於它不像數學公式A加B一定會等於C，可能會衍生出D或E。

儘管詹老師總是天馬行空地發想主題，並要求學員們要在有限的時間內完成作品的調製與相關文案，讓人倍感壓力，但陳一誠坦言，因為有這樣的要求與訓練，學員們都能加速進入狀況，培養出專業的調香技能；而他最欽佩詹老師的部分，在於她能夠針對每一個學員的特性與專長，給予正確的引導，讓每位學員都能發揮自己的創意與風格。

加入 Blueseeds 大家庭

陳一誠跟著詹茹惠學習調香二年多，每次在成果發表會上都獲得許多好評，後來考取美國國家整體芳療協會與二張法國國際認證調香師證照，也在二〇二二年下半年獲得詹茹惠力邀，加入 Blueseeds 大家庭擔任調香師。

陳一誠表示，進入 Blueseeds 之後，更能體會到秉持ＥＳＧ精神、重視環保與永續發展的行動力，我們將需要的香草原料，在無汙染土地上堅持自然農法，種出我們想要的香草植物，經由嚴謹萃取出最高品質的精油、精露，經過幾個月醇化，用這樣的原料開發商品，提供消費者最天然、無汙染的產品，這也是我的老師、我們執行長最常說的一句話：「要給就要給最好的！」

詹茹惠在公司中也相當照顧陳一誠，她安排他坐在公司的出貨點附近，讓負責採購與出貨的二位同仁就近協助他。陳一誠觀察到同仁最常出貨包裝的有二款商品，好奇之下詢問，原來是防止頭髮斷裂的「S1薰衣草迷迭香洗髮露」及強化髮根的「S2月桃尤加利葉薄荷洗髮露」，上網搜尋後發現價格比一般市售產品略高，心中不禁納悶，不太便宜的洗髮精為何銷路這麼好？

陳一誠因為為母親守孝的關係，留長髮留了三年，洗完頭髮總是在排水口看到一搓頭髮，進入公司後，因為負責設計十二星座複方精油，工作壓力大，導致左右兩邊掉髮情況更為嚴重。

有天他趁著員工折扣，買了二瓶洗髮露帶回家，S1、S2交替使用，洗了一陣子，發現兩側慢慢長出汗毛、較粗的頭髮，浴室排水口的頭髮也明顯變少，讓他親身體驗到純天然植物萃取精華的效果，「只要用過天然洗沐就回不去了！」

鼓勵更多視障生實現價值

從 Blueseeds 與 PAVI 聯名推出的「幸福的味道」精油系列，到與史博館、PAVI 攜手合作的「公益調香・藝術聯名」系列，陳一誠與其他視障調香師的作品，不僅是課堂上的成果，更是真正進入市場的商品，他們的出色表現，正激勵著更多視障生投入品香師與配香師的行列。

「感謝史博館的用心，透過講解與 2.5D 導覽圖讓我們認識古代文物，也要感謝 Blueseeds 的堅持與 PAVI 的支持，讓視障者也有機會成為一個稱職的調香師，也讓我們的調香作品得以讓社會大眾看見，未來能更有信心去完成夢想。」陳一誠開心地說。

陳一誠的加入，讓詹茹惠在開發新產品、研製客製化香氛的部分也多了一位有力幫手。她與陳一誠師徒聯手，將 Blueseeds 熱銷的六支複方精油——雲瀑系列重新設計，「保留原本雲瀑系列的精神，並加入時下流行的成分與珍稀的精油，例如不惜重本選用頂級肖楠、金銀花，讓每一支複方都有屬於自己的香氣與個性，並強化特定的功效，讓顧客能夠達到身心靈全面的呵護與保養。」

二〇二三年 Blueseeds 與史博館再度攜手，史博館將郭雪湖畫作〈帆船〉及製作於十七世紀航海貿易時代的「安平壺」、「彩塑荷蘭仕女像」，委由 Blueseeds 轉化成二款充滿台灣味的香氛產品——「島嶼精油 GOLDEN FORMOSA」、「海洋滾珠精油

BRILLIANT OCEAN」，同樣由陳一誠操刀，產品上市後，吸引許多媒體爭相邀請詹茹惠與陳一誠師徒倆接受採訪，請他們分享如何打造傳達台灣獨有的療癒力量。

從課堂到職場，陳一誠靠著自己的天分與勤奮，花了二年多就成為獨當一面的調香師，他期許自己未來能成為一位專業的創香師，創造出更多元化的香氛產品，同時也要扮演專業的調香種子教師，分享自身的專業與經驗，扶植出更多視障調香師，開啟豐富的感官之旅，並在專業領域實現自我價值！

香草小學堂

橙花

橙花相當嬌弱且珍貴，適合長在法國南部、摩洛哥、義大利、西班牙等氣候溫和的地中海沿岸地區，其白色輕盈的花朵，彷彿輕輕踏著舞步的小公主，橙花精油就是萃取自橙樹開出來的小白花，氣息近似於帶點苦藥味的百合花，是香水中最高級的原料之一。

據說義大利 Neroli 郡的安瑪莉公主，相當喜歡橙花高貴又不失可愛的氣息，當時王親貴族之間還有配戴手套的禮儀，然而皮革總有一股令人難受的臭味，因此經常將此種香氣薰染衣物、身體肌膚的她，意外將這種香氣帶進了上流貴族社會之中，橙花也獲得了「Neroli」這頗具紀念性的外號。

橙花精油能夠有效改善皮膚組織的再生功能，增加皮膚彈性，並修復靜脈曲張，平撫疤痕與妊娠紋等身體紋路，解決暗瘡、粉刺等問題，達到美白淡斑的效果。最特別的是它有防曬及保濕的功效，可以作為天然防曬或隔離乳的加強成分使用。

由於其對皮膚再生的刺激效能，面臨割傷、燙傷等狀況時，也能用以護理肌膚，並減緩瘀傷、發炎、過敏狀況；此外還能抵抗痙攣、舒緩腸胃不適，其香氣也能平復壓力、釋放恐懼，進而達到助眠之效。

藍膠尤加利

藍膠尤加利原產地位於雪梨近郊的藍山國家公園，其樹脂在陽光映照下會散發湛藍色澤，因而以此命名。藍膠尤加利有「鼻腔護理師」的美稱，其獨特的香味可以讓人感覺清新順暢，尤加利精油中的水芹烯與氧氣接觸後，會產生臭氧讓細菌無法生存，因此也可淨化空氣品質；其最廣為人知的效果是護理鼻腔、改善呼吸道不適的功效，也被譽為「最天然的呼吸淨化器」。

相較於其他尤加利精油的味道，藍膠尤加利精油的氣味比較刺激，只要一點就能讓人精神一振，頭腦清醒、提高注意力，適合在早上與疲憊時使用。此外，其具有強力的抗菌、抗病毒效果，有助於調整肌膚機能，同時可運用在泌尿系統，改善念珠菌增生、膀胱發炎等情況，它也有良好的舒緩及滋補溫暖的特性，能夠緩解日常緊張壓力、安頓身心。

金銀花

金銀花俗稱忍冬花，為多年生常綠纏繞性木質藤本植物，花冠在夜間會散發出清香，是知名的中藥材，具有生血、止渴、清熱、消炎、退火、解毒等功效，在疫情期間因為具有可以增強免疫力、舒緩新冠肺炎症狀而聲名大噪。

金銀花充滿大自然清新而甜蜜的香味，散發出神祕高貴的氣息，剛摘下的金銀花會經日曬轉黃，本身的氣味也會由淡雅轉為濃郁香氣，放入蒸餾器中水煮萃取提煉後的精油、精露，香氣淡雅芬芳，塗抹在肌膚上有溫潤的感受，具有抑菌、抗病毒、抗炎、解熱、調節免疫等作用。

12

瓶罐中的香氛博物館

強而有力的線條、如鵝卵石般斑雜的色彩，豐潤飽滿的身材，常玉裸女圖的輪廓清楚呈現在瓶身上。許多Blueseeds的粉絲，以及鍾愛常玉作品的朋友，都欣喜地把充滿藝術味的獨特香氛用品帶回家，從此，在日常的浴室裡頭，也珍藏了史博館的名畫。

這是Blueseeds與國立歷史博物館的跨界合作，將藝術、文創、香氛與永續公益融合在一起。對詹茹惠來說，這是藝術行銷的一次重要實踐，對史博館來說，也是藝術走入生活的一次有趣嘗試，更有意義的是，他們將產品銷售的部分金額，捐獻給陽光社會福利基金會等不同公益團體，期望能夠建立善的循環，創造更高的社會價值。

打造多重感官體驗

二〇二〇年開始，Blueseeds 就與史博館聯手推出「常玉浴女洗沐禮盒」，從女性畫家常玉的四幅經典作品〈人約黃昏後〉、〈浴女〉、〈裸女〉、〈四女裸像〉發想，不僅將畫作印製於盒裝、產品、周邊之上，更重要的商品本身，也是根據畫作意象精心研發。

在調香創作的過程中，一邊看著〈浴女〉中，女人斜靠椅上，對窗悠然地撥弄、清洗髮絲的模樣，剖析畫作並捕捉感受，一邊思索著如何運用香氛，打造這樣的洗沐氛圍，彷彿就像是跟著常玉再次一筆一畫描摹一般。薰衣草能夠安定心神、加入洋甘菊可以滋潤肌膚，若是放入迷迭香，便能夠深入頭皮與髮根……，各式各樣的效果，藉由香草全都收入了一瓶洗髮露中。

這次香氛與畫作的創意激盪，不只是單純的視覺與嗅覺的結合，更包含了觸覺與嗅覺，擦洗在身上，香氣迎面襲來，常玉畫作映入眼底，擦洗在身上溫潤的觸動，以及精油如旋律的跳動……。「常玉的畫作，配上香氣、配上音樂，結合畫面、音樂、香氣，很容易創造出豐富的五感體驗！」詹茹惠非常享受這段創作的過程，也期待能夠豐盈使用者的藝術感官。

公益文創路上攜手並進

Blueseeds 與史博館基於環境永續及社會共好的理念相近，在公益文創的路上攜手並進，包括前任館長廖新田、梁永斐及現任館長王長華都高度支持，將經典館藏融入香氛洗沐，結合 Blueseeds 的永續製程，推出廣受好評的藝術文創產品。

除了「常玉浴女香氛禮盒」外，史博館也持續授權 Blueseeds 推出更多結合藝術品與香氛的系列產品，例如二〇二二年推出的「公益調香・藝術聯名」系列，便是將「花鳥刺繡橫披」、〈墨荷〉、「青花花鳥八角盒」、「青花一束蓮大盤」經由2.5D技術列印出來後，讓視障調香師們觸摸館藏複製品，感受藝術的脈動與輪廓，結合自身生命歷程，重塑成香氛精油的複方精油系列。

「花開四季．每日療癒滾珠精油十支組」其藝術紋樣源自於清末的「立式花蝶大繡片」，觀覽盒裝，紫藤、芙蓉、牡丹、牽牛花百花盛放的模樣，成了由花草編織而成的網，彷彿散發著香氣一般，告知你底下精油的緩緩流動。

這個產品主打身心靈的修復，蘊含回歸自然的純樸心境，希望讓薰衣草、橘子、檸檬、薄荷與迷迭香的芬芳與功用，結合滾珠瓶的設計，藉由按摩的方式，提升正向能量、提神醒腦、提振免疫力，迎接親近自然、療癒精神的每一天。

不僅如此，Blueseeds 還肩負著替史博館重新開館的空間氛圍，營造獨特香味的重責大任。詹茹惠強調，一個空間所能帶來的感受，不僅取決於視覺與聽覺，嗅覺體驗也是重要一環，場域與香氛的結合已經成為一種趨勢，未來空間不僅需要工程師、建築師、設計師，也需要調香師。

經由 Blueseeds 調香師的精心設計，史博館將有專屬的精油味道，以優雅而內斂的氣息，讓參觀訪客都能靜下心神、專心觀展，且有放鬆、舒服的感覺，就跟飯店、機場一樣，未來史博館的熟客，一定會輕易就辨識出這是「史博館的味道」！

自由島嶼的氣味

二〇二三年九月，Blueseeds 與史博館再次攜手，這次香氛不僅是結合藝術，更融入「歷史」的韻味，以一六二四年荷蘭在台建立政權為主題，推出充滿故事的全新香氛產品。

一六二四年是台灣這座美麗之島，真正被全世界看見的那一年，二〇二四年適逢四百週年，Blueseeds 的調香師以香味重新闡述這段歷史脈絡，希望將台灣的第一段殖民史展現出來，重現西方人看見福爾摩沙的驚豔。

史博館將郭雪湖畫作〈帆船〉及製作於十七世紀航海貿易時代的「安平壺」、「彩塑荷蘭仕女像」，委由詹茹惠培育的視障調香師陳一誠調香，開發出以「島嶼」及「海洋」為意象的二款台灣代表性香氛，傳達台灣土地及藝術文化的獨有療癒力量。

「一位荷蘭仕女從安平港上岸，剛結束一段長程旅程，愜意地坐在岸邊，空氣中夾雜著海風的鹹味，從瓶子中嗅到獨特的香氣，」詹茹惠描繪當初創作時的畫面，其中包含了航向神祕東方的期待，也表達了少女的柔美與純真，而從這個角度帶出貿易交流下的東西方相遇，揭開多元文化的交流序幕，有種專屬這座島嶼的浪漫情懷。

Blueseeds 擷取史博館館藏的圖像特色及文物意涵，將視覺轉化成嗅覺體驗，設計出二款本地植萃香氛產品——「島嶼精油 GOLDEN FORMOSA」、「海洋滾珠精油 BRILLIANT OCEAN」，其中「海洋滾珠精油」運用館藏郭雪湖大師畫作〈帆船〉，畫中帆船為長年貿易使用之戎客船帆船，瑰麗船身與船身甲板上旗帆、白色浪花相映；「島嶼精油」則融合了「安平壺」及「彩塑荷蘭仕女像」二件館藏，「安平壺」製作於十七世紀的航海貿易時代，因大量出土於台南安平而稱為安平壺，「彩塑荷蘭仕女像」為清代貿易瓷，仕女身著服飾為荷蘭傳統樣式，頭帽、斗篷還點綴中國紋飾。

「一開始有穿透思緒的澄清青檸香氣，緊接著能嗅出細膩靈秀花香，卻蘊含著獨特高貴木質香的中後調，透過豐富層次香調期盼傳遞台灣獨有的歷史香氣（Taste of Taiwan）及繚繞於心的自由意念（Taste of Freedom），」陳一誠如此形容他的創作理念。

「島嶼精油」使用具代表性的「台灣貞潔樹」為木質調香氣基底，融合帶蜜香氣的台灣特有種「馬蜂橙」以及台灣高海拔植物「紅檜」調香；「海洋滾珠精油」為花香木質調香氣，特別選用金銀花、月桂、馬告、土肉桂、香杉木等台灣在地原生植物以推廣台灣珍貴的山林資源，其中更融合原住民常見的香料植物「馬告」，增添海洋香氛的獨特性及稀有性。

在典藏紋理中嗅出芬芳

「她是甜美的、充滿幸福的小小可人兒，適合推薦給憂鬱的人，」視障調香師兼聲樂家的江尉綺如此描述橘子。視障者有著他們「觀看」世界的神奇感官能力，每一個都懷有獨一無二的小小天地。

藝術作品是藝術家從生活提煉出的獨特凝視，讓觀賞者能從創作中感受到與生活的連繫，感動因而產生。Blueseeds與PAVI看到了視障生的多元可能性，在調香課程之後，更決定結合國立歷史博物館的珍貴館藏，啟動一項精彩計畫！

這便是二〇二二年推出的「公益調香．藝術聯名」系列，讓江尉綺、劉子瑜、陳一誠這三位視障配香師，也是詹茹惠培訓出來的高材生，分別對應史博館不同的藝術作品，以

2.5D 列印技術的方式讓其觸摸，並將感受化為香味，詮釋出絕無僅有的複方精油，展開了一段由視障生以香味描繪藝術創作的奇幻旅程。

他們從環境友善、永續創新再出發，串連「連結、參與、創新、共融、永續」五大價值核心，讓視障配香師有發揮長才的機會，以香氣品味藝術，讓氣味述說故事，也拓展了藝術推廣及公益文創的更多可能性。

詹茹惠一直以來的公益授課理念，就是不僅要教如何釣魚，還要幫忙找池塘，幫學員尋找舞台、提供舞台，而這樣的理念也獲得史博館的支持。二〇二二年七月，Blueseeds 結合 PAVI 與史博館，在台北一號糧倉舉辦「公益調香聯名產品」的發表會，三位視障調香師充滿自信地站上舞台，他們從史博館紋樣圖像授權的文物故事啟發靈感，開發出兼具藝術、公益及市場的限定版香氛產品，在眾人面前呈現，贏得了無數的掌聲，其中產品銷售額的一五%回饋給 PAVI，持續幫視障者培育一技之長。

細細品味這些精油的香調，聆聽其道出的段段故事，畫的筆觸線條、顏色濃淡，好似一同在腦中舒展開來，準確凌厲、富有深度——它們是有顏色、有形狀、有氣味，更有感情的藝術品析與再創造，讓人很難相信，這是由一群無法「看見」畫的視障者們，所描繪出來的藝文世界，每一款精油都是視障生親自發想、書寫文案、精心調配的成果。

江尉綺以黃檜詮釋回家的味道

五尺長布攤展開來，雅緻的赭色透漏著喜慶的氛圍，雄鳥展翅回眸，雄壯與高貴的氣質，好似煽動了花草的趨向，標示著他的強而有力，又綿綿深情地凝視著雌鳥對雛鳥們的守望。刺繡之工，無論視之、觸之，都顯而易見。身為一個喜慶場合的裝飾，確實氣勢磅礴又不失優雅；而作為一件藝術品，亦有許多巧思可見其中。

骨勁多苞的梅花、飽滿繁盛的牡丹，象徵了愛情的永恆與雌鳥的堅貞；松柳茁壯的生長，與承載花鳥的柔韌小草，標示了雄鳥的才情與高節。無疑地，這是有文人氣息的藝術品，而江尉綺選擇以珍貴的黃檜精油，以木質調穩重清新的香氣詮釋，在淡雅中透露著安全感。

自薰衣草、橙花帶來的花香，呈現喜悅、羞澀、溫暖的心情，凸顯了畫作中幸福婚姻與多子多孫的意象；其中薰衣草的香味，特別能體現出狂喜的情感，在不張揚的花香中，與喜氣洋洋的氛圍相呼應。

江尉綺為這幅畫，做出了自己獨特的見解：「賓至如歸」除了是對畫作喜慶溫度氣氛的闡釋，更代表了回到家的溫度，熱鬧的喜宴回歸日常，暖意油然而生，彷彿是樂曲的章節——鋪陳而轉折，最後收於平淡，回味無窮。

身為一位音樂家，江尉綺調配的香氣富含一種特別的節奏感。檸檬的氣息夾雜著陽光的活力與慵懶，酸甜的氣味是生活中的點點滴滴，跳躍在每個樂章的主旋律之間，能讓高昂的情緒得以放鬆，使低調的感情能夠提亮：二人的結合，不只是婚禮的浪漫花香，更是回家每一天偶有驚喜的相伴。

劉子瑜以左手香提煉荷中雅緻

對中國畫略有涉略的人，大多知道溥心畬對荷情有獨鍾，〈荷花蜻蜓〉、〈秋荷〉、

〈荷塘立鷺〉……，所繪之荷，墨色飽滿、形狀完滿，優美的線條自有秀氣，高雅而內斂，且對於荷與周邊動物互動的捕捉更是一流，生動靈巧。

「左手香與荷花似有異曲同工之氛圍，令人聯想到大自然與純樸的『世外桃源』。」

劉子瑜的「墨荷之芳」選用左手香作為主調，除了與荷花的氣息相合，在形狀與氣質上亦有相應之處。比起真正的荷花，左手香更為中性的氣味，對於詮釋溥心畬筆下那嬌嫩豐滿，莖葉花尖卻韌性挺立，有著文人風骨的荷，更有獨到會心之處。

檸檬、綠薄荷、迷迭香的環繞，則拓寬了香氣中的空間感，帶有主見、自覺、讚美的情緒是其特徵，充分營造出溥心畬的內在場域，也點出了溥心畬在這〈墨荷〉中特別著墨荷葉的巧思，以香調中的綠意體現其色彩，充滿著文人的氣概、儒者精神與禪意，以鮮活不沉悶的方式展示，「像是溥心畬先生的心理世界那樣，蘊藏著許多『書香』寶藏。」

讓人難以想像的是，劉子瑜僅憑觸覺與嗅覺便達到如此境界，不僅填補色彩，更以香氣去建構水墨筆法中的濃、淡、乾、濕，流動與澀處，卻讓人聞出文人畫中特有的氣骨與情致，彷彿墨香暗暗浮動。

陳一誠用高貴肖楠展現王者風範

「素胚勾勒出青花筆鋒濃轉淡，瓶身描繪的牡丹一如妳初妝。」說到青花瓷，可能很多人會聯想到周杰倫的這首〈青花瓷〉，方文山的歌詞述說款款深情，以青花瓷常見的花樣與濃淡，書寫女性的柔美，表現如同連綿青墨般的一往情深。

甜橙的蜜意，迷迭香、金銀花的輕盈，一揮而就的女性情意，象徵著用情極深的感性世界，然而，對陳一誠來說，這不過是襯托出主調的點綴。他從「青花花鳥八角盒」獨特的瓷身、濃而大氣的圖繪，以及本身皇家用品的高雅，摸出了其中的霸氣，並選用珍稀的台灣肖楠，以洗鍊、理性的木質香去形容。

兩面中心的「壽」字、瑞雲五爪龍紋隱於其中，潛龍暗動的沉穩與王者風範，是成功領導者的迷人特質。若說花香主要是呈現「青花一束蓮大盤」的風姿綽約，木質主調的「青花花鳥八角盒」則與其巧妙地相配，以感性提煉理性，鐵漢的柔情因而透露，美人依偎懷中的畫面由融合的香氣勾勒而出，令人備感心安。

岩蘭草、黑胡椒、薰衣草、佛手柑，情感光譜的高低，是動靜皆宜的描繪，黑胡椒的辣勁，有著果斷的性格，柑果、香草的清香，一如站穩高處的堅忍精神，象徵著舉止果斷、堅忍不拔、泰山崩於前也不動聲色的精神與態度。

「它整個就是一個創作的過程，看香氣如何將那個時空背景呈現出來，」詹茹惠深信，調香是一種文創產業，其與藝術、歷史、文化的接軌，都是必然且值得期待的遇見。可以期待的是，Blueseeds 在獨有的品牌風格與敘事結構下，每一瓶精油就像是一座香氛藝術博物館，只要你有緣人打開它，就能品味出背後動人的故事。

串起城鄉的每個角落

放眼通路中的香氛與洗劑品牌，洋洋灑灑、不計其數，Blueseeds 一開始就採取不同的通路策略，不像知名品牌在百貨商場設立銷售據點，而是主要透過企業採購、電商銷售與異業合作，詹茹惠說，「一家社會企業能夠在通路上眾多品牌競爭的情況下，持續發展到今天，如今想來依舊是件不可思議的事，其中有太多令人感恩的緣分。」

作為最先支持 Blueseeds 的第一個東風，從二〇一七年至今，全家便利商店不僅是 Blueseeds 最重要的通路支柱，也是一同實踐社會價值的最佳夥伴。全家便利商店看中 Blueseeds 友善生態、減少環境賀爾蒙的理念，並認同其社會企業的理念，率先採購並上架天然香氛身體洗劑產品，讓消費者支持責任生產與永續消費。

原先只是拋磚引玉之用，沒想到初試啼聲便一鳴驚人，全家便利商店與 Blueseeds 後續更推出一系列聯名洗沐用品，無論是家用、臨時的旅遊使用皆可滿足，現在只要走進台灣各地的全家便利商店，在擺放日用品的貨架上，就可清楚看到 Blueseeds 的身影，消費者只要走個幾步路，在街角巷口就能買到需要的香氛產品，就像隨身芳療師一樣，滿足每個時刻的療癒需求，也大力補足了 Blueseeds 在實體通路的缺口。

要照顧健康，光是這些還不夠。如果說洗沐產品是保衛人體皮膚的第一道防線，那麼與攝入營養息息相關的日常飲食，又怎麼能夠不去把關？

身為上班族重要的覓食管道，全家便利商店也曾與 Blueseeds 聯手研製美味營養的美食與飲料，將天然植物元素融入鮮食商品中，從羅勒海鮮義大利麵的馬鬱蘭低調暗香、百香果卡士達軟歐的萬壽菊甜香、薰衣草黑醋栗塔的恬香，再到冰香蘭拿鐵的香蘭葉清香，無一不是香氣四溢、讓人食指大動！

實踐復育土地、維護健康是一條永不停歇的路。雙方為了更貼近消費者需求，持續進行跨部門多元合作，藉由全家便利商店密集通路的優勢及符合ESG價值的綠色產品力，不斷創造高話題度與亮眼的銷售成績，也讓消費者對於全家便利商店與Blueseeds後續端出的新產品更加期待。

旅人的天然香氛用品

「綠色體驗」、「綠色公益」、「綠色經營」是昇恆昌在實踐ESG理念時，最重要的三大精神，也因這意念的強大吸引力，Blueseeds和昇恆昌這二個看似有些遙遠的企業，才能於二〇二二年締結了合作的開端，雙方期待一起實現循環、平衡、和諧的永續願景，回歸最純粹的寶島之美。

昇恆昌在機場的免稅店，是國人與國外旅客進出國門必經之處，也是旅人購買伴手禮或旅行用品的重要通路。隨著世界各國掀起永續旅遊的思潮，紛紛鼓勵旅客搭乘大眾運輸工具或自行車等低碳交通工具，選擇綠色飯店等環境友好的住宿選項，讓飯店提供環境友善的洗沐用品，或者由旅客自備盥洗用品、少用拋棄式備品。

Blueseeds 的洗沐用品完全零化學添加，因洗滌而產生的泡沫排入水中，也可完全被大自然分解，正好成為旅人最佳的綠色消費選項。於是昇恆昌邀請 Blueseeds 在免稅店上架，一開始從常玉系列開始合作，後續又延伸到其他系列產品，讓旅客在旅行中能夠享受大自然的潔淨力與芬芳，也為環境盡一份力。

除了通路銷售外，昇恆昌也與 Blueseeds 舉辦「香氛 × 珠寶」體驗活動，在昇恆昌旗艦店教導客戶調製精油、手製香氛凍膜的方式，推廣自家產品，拉進與顧客之間的距離，更讓二個企業的特長得以相輔相成。

對昇恆昌來說，Blueseeds 是一個傳遞台灣美好的社創品牌，隨著疫情解封後旅遊人潮重現，希望越來越多旅客能看到台灣有個為環境公益積極付出、打造天然精油產品的品牌，也呼籲大家透過自身行動改變洗沐商品的選擇，達到人類與自然共好的永續循環。

綠色消費就是王道

在積極擴展通路夥伴的同時，詹茹惠也持續思考著如何增加消費者選購綠色產品的誘因，藉以落實節能減碳的生活，因此當王道銀行找上 Blueseeds 時，雙方一拍即合，共同支持消費者購買相對顧及環境保護與社會公平的產品，並把每一分錢花得更有價值。

王道銀行從二〇二〇年起，陸續串連了二十四家社會企業及 B 型企業，加入「低碳生活卡」的行列，首創由消費者的購買產品碳排放量決定現金回饋比例，如果持卡至綠色商店指定通路刷卡消費，更可享有呼應世界地球日四月二十二日的四．二二%現金回饋。

王道銀行不僅身體力行參與「認養一畝香草田」活動，認養了台東的香草田共三畝，且將香草田產出的防禦洗手乳，全數捐贈給王道銀行長期合作的新北市瑞芳區吉慶國小及坪林國小，讓學童們的雙手能得到最自然的呵護。

王道銀行是台灣第一家獲得 B 型企業認證的上市公司與金融業者，由王道銀行號召社會企業與消費者一起做綠色消費、為永續公益付出心力，似乎也更有正當性；最重要的是雙方都認為永續環保與社會公益並非遙不可及的事，只要能從日常生活中做出改變，就能在心中種下善的種子，創造一段美好循環。

一鍵傳遞健康與祝福

因應網路普及的消費習慣，詹茹惠早在創業初期，就主張以電商作為主要銷售管道之一，除了自家的網站平台外，也與特定的垂直電商及社群平台合作銷售，包括早安健康嚴選、昇恆昌宅配網、Pinkoi、LINE 禮物、富邦 momo、惠生藥局等線上通路，都能買到 Blueseeds 的商品！

早安健康隸屬於 H2U 永悅健康，匯集超過一百八十萬位會員，是華人最大的健康媒體社群。早安健康不僅與詹茹惠攜手開設實體課程，同時也透過早安健康嚴選商城合作銷售產品，希望透過有態度的綠色消費，為民眾帶來自然無毒、環保永續的台灣在地好物，讓會員都能一邊吸收健康知識、一面實踐健康的生活。

作為亞洲最大的設計文創購物網站，Pinkoi 上的產品皆是充滿創意、設計風格的原創商品，吸引不少追求個性化與設計感的年輕族群，每月都有上百萬以上的瀏覽人數。Blueseeds 於二〇二一年在 Pinkoi 網站上開館，主打精油、香氛、手霜、小物等多元商品，同時針對該平台用戶推出量身打造、貼心療癒的原創禮盒，提供四十八種初萃精油自由配的選擇；另一方面，也不忘傳達 Blueseeds 力行自然農法與生態友善的 ESG 精神，希望消費者一起支持讓香草產業在美麗寶島深耕。

天然精油與洗沐用品，堪稱自用送禮兩相宜的選擇，因此 Blueseeds 也設計出適合送禮的商品組合，並以 ESGift 為訴求，在 LINE 禮物平台上架，每當到了情人節、母親節、聖誕節等特殊節日，都是送禮的旺季，許多人會在 LINE 禮物選購兼具心意與暖意的香氛禮盒，直接宅配給不在身邊的親朋好友，傳達祝福與感恩之意。

找到共好的最大公約數

因為這麼多的善緣，編織成一張一張的網，Blueseeds 的產品與理念才得以逐步擴散出去，不僅化為各大通路上的銷售實績，也感染到越來越多的人，改變消費習慣與生活觀念；詹茹惠深信，只要能夠持續發揮且擴大社會影響力，經濟發展與環境平衡不再是二條互不相交的平行線，而是可以找到彼此共好的最大公約數。

香草小學堂

紅檜

紅檜是台灣特有種樹木，相較於花香與果香的感受，紅檜精油有一種沉穩質樸的木質味，彷彿沉浸在森林浴中，感受到森林深處原始而悠久的氣味。

許多人應該對這種氣味不太陌生，紅檜木家具、日式溫泉老旅館的地板，都有類似的味道。

紅檜富含的芬多精是所有樹種第一，能快速改善空氣品質，紅檜精油有助於改善老人家或敏感族群的呼吸系統，另外也適合上班族和孕婦緩解緊繃狀態、避免頭痛焦慮，另外其功效還包括改善感冒、驅除蚊蟲、消炎、鎮靜、利尿、止咳、祛痰、減輕疼痛、迅速消腫等，並可保持頭腦清晰、重燃鬥志與活力。

後記

代表台灣的氣味

詹茹惠／Blueseeds 創辦人

二〇二三年十月四日晚間，我國駐美代表處在雙橡園舉行雙十國慶酒會，由蕭美琴大使主持典禮，僑界領袖及媒體友人近千人參加盛會，現場最特別的是以「自由滋味、台灣美味」（Taste of Freedom, Taste of Taiwan）為主題，除了有別具新意的台灣本土釀製酒品外，也特別邀請 Blueseeds 展示與國立歷史博物館合作設計的兩款精油——「島嶼精油 GOLDEN FORMOSA」及「海洋滾珠精油 BRILLIANT OCEAN」，讓現場賓客感受到充滿台灣歷史底蘊與本土植萃的迷人香氣，在大航海時代的背景下，帶領大家穿越到十七世紀的美麗寶島。

在國家的重要慶典，讓國際友人認識到 Blueseeds，與大家分享台灣特有的自由、純淨的氣味，對一家成立不到八年的社會企業來說，無疑是很大的肯定與榮幸，我們代表的不只是台灣的氣味，更代表著無數為這座島嶼的環境永續而努力不懈的社會企業。

當 Blueseeds 的英文版品牌影片在現場播出，所有人都為台灣的山海之美而驚豔不已，也對來自這座島嶼的純淨味道留下深刻印象。台灣擁有一萬英尺的高山和七百五十英里的海岸線，擁有二千三百多萬種的生活方式，但只有一個生活態度，那就是自由，而 Blueseeds 則是從這樣的土地中所生長出來的社會企業，我們很榮幸能夠成為展現台灣島嶼與海洋精神的代表性企業之一，更象徵著社會企業也能將信念轉化成商業價值，並且站上國際舞台。

Blueseeds 的旅程始於一個願景，創建一個品牌，不僅提供天然純淨的產品，更將永續和環保視為核心理念。從創立以來，我們就以保護這片寶貴土地為志業，成為世界上少數專注於製造純天然、有機洗沐用品的社會企業之一，在一個充斥著化學產品的世界中，Blueseeds 是純淨的象徵，從育種、種植，到萃取、生產、調香，都在純天然有機的控制流程，是百分百的 ＥＳＧ 企業。

雖然從社會企業出發，但我自始至終就不以打悲情牌、只靠捐款與補助度日的公益機構自居，而是希望成為一家具備商業營運能力、能解決社會問題的企業，雖然本質上是為了友善土地、促進健康、改善小農生活、為偏鄉與弱勢族群帶來就業機會，但有個聲音一直縈繞在我腦海：社會企業是不是也可以資本化、掛牌上市？

很多人可能難以置信，幾年前我們就被邀請到美國那斯達克（Nasdaq）掛牌，讓我驚覺現在資本市場對於兼具永續精神與商業營運能力的社會企業，展現極高的關注與支持，從此也更加深我的堅持與信念——因為 Blueseeds 的確走在主流價值的道路上。

表面上來看，香草農業似乎是小本生意，但在科技業歷練近二十年，我似乎有著更遠的眼光、更大的企圖心。當我看到這個產業時，就知道這個產業是世界級的，Blueseeds 不僅要有永續經營的能力，更要成為國際級企業，我要讓全世界都知道台灣也有媲美法國「普羅旺斯」的香草園，也能成為全世界優質天然香氛原料的重要產地。

站上雙橡園的舞台，是 Blueseeds 站上國際舞台的重要開端，我知道這些夢想不再遙不可及，而是觸手可得。

新商業周刊叢書 BW0838

0 與 100 的堅持

Blueseeds 從一畝香草田開始的純淨革命

口　　述／詹茹惠
採訪撰稿／沈勤譽
責任編輯／鄭凱達
版　　權／吳亭儀
行銷業務／周佑潔、林秀津、賴正祐、吳藝佳

總 編 輯／陳美靜
總 經 理／彭之琬
事業群總經理／黃淑貞
發 行 人／何飛鵬
法律顧問／台英國際商務法律事務所　羅明通律師
出　　版／商周出版
臺北市 104 民生東路二段 141 號 9 樓
電話：(02) 2500-7008　傳真：(02) 2500-7759
E-mail: bwp.service @ cite.com.tw
發　　行／英屬蓋曼群島商家庭傳媒股份有限公司　城邦分公司
臺北市 104 民生東路二段 141 號 2 樓
讀者服務專線：0800-020-299　24 小時傳真服務：(02) 2517-0999
讀者服務信箱 E-mail: cs@cite.com.tw
劃撥帳號：19833503　戶名：英屬蓋曼群島商家庭傳媒股份有限公司城邦分公司
訂購服務／書虫股份有限公司客服專線：(02) 2500-7718；2500-7719
服務時間：週一至週五上午 09:30-12:00；下午 13:30-17:00
24 小時傳真專線：(02) 2500-1990；2500-1991
劃撥帳號：19863813　戶名：書虫股份有限公司
E-mail: service@readingclub.com.tw
香港發行所／城邦（香港）出版集團有限公司
香港灣仔駱克道 193 號東超商業中心 1 樓
E-mail: hkcite@biznetvigator.com
電話：(852) 25086231　傳真：(852) 25789337
馬新發行所／城邦（馬新）出版集團 Cite (M) Sdn. Bhd.
41, Jalan Radin Anum, Bandar Baru Sri Petaling, 57000 Kuala Lumpur, Malaysia.
電話：(603) 9056-3833　傳真：(603) 9057-6622　E-mail: services@cite.my

封面設計／FE Design・葉馥儀　　內文設計排版／薛美惠
印　　刷／鴻霖印刷傳媒股份有限公司
經 銷 商／聯合發行股份有限公司 電話：(02) 2917-8022　傳真：(02) 2911-0053
地址：新北市新店區寶橋路 235 巷 6 弄 6 號 2 樓

國家圖書館出版品預行編目 (CIP) 資料

0 與 100 的堅持：Blueseeds 從一畝香草田開始的純淨革命／詹茹惠口述；沈勤譽採訪撰稿．-- 初版．-- 臺北市：商周出版：英屬蓋曼群島商家庭傳媒股份有限公司城邦分公司發行，2023.12
面；　公分．--（新商業周刊叢書；BW0838）
ISBN 978-626-318-908-9（平裝）
1.CST: 芙彤園股份有限公司 2.CST: 企業經營 3.CST: 企業管理 4.CST: 創業
494　　112017489

線上版讀者回函卡

■ 2023 年 12 月 5 日初版 1 刷
定價 450 元（紙本）／ 315 元（EPUB）
ISBN: 978-626-318-908-9（紙本）／ 978-626-318-905-8（EPUB）

Blueseeds

讀者專屬優惠券

活動券使用期間
2024.07.01～2024.08.31

Back to Nature

純淨洗沐品類

DISCOUNT 30%

洗沐及居家清潔商品 7折優惠
（活動組合及優惠商品恕不重複折扣）

COUPON CODE 讀者優惠序號
240708DRH

活動券使用期間
2024.09.01～2024.10.31

Back to Nature

逆齡保養品類

DISCOUNT 30%

臉部保養及修護商品 7折優惠
（活動組合及優惠商品恕不重複折扣）

COUPON CODE 讀者優惠序號
240910ARS

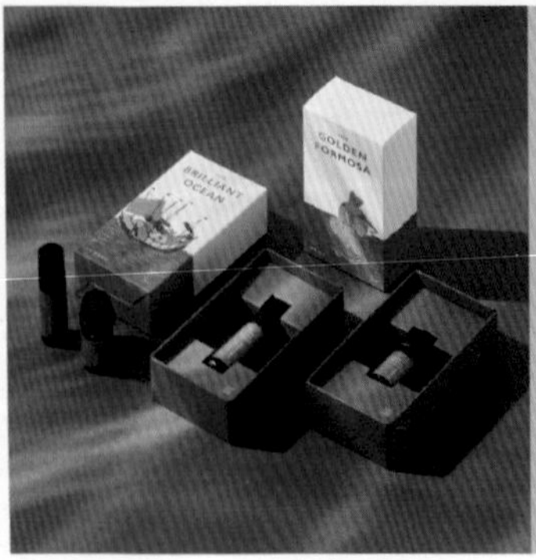

活動券使用期間
2024.11.01～2024.12.31

Back to Nature

療癒精油香氛

DISCOUNT 30%

精油植萃及滾珠商品 7折優惠
（活動組合及優惠商品恕不重複折扣）

COUPON CODE 讀者優惠序號
241112XZU

Blueseeds 官網

LINE 客服

使用注意事項：

- 優惠序號僅限於 Blueseeds.com.tw 品牌官網使用。
- 讀者優惠序號恕無法使用於當月促銷組合或活動價商品。
- 活動、品項、價格以官網公布為準，本公司保留更改權利。
- 若有任何問題請直接與LINE客服聯繫。